上海出版资金项目
Shanghai Publishing Funds

"科创之光"书系 (第一辑)

多孔材料
奇妙的微结构

上海科学院　上海产业技术研究院　组编

施利毅　主编

U0395718

上海科学普及出版社

图书在版编目(CIP)数据

多孔材料：奇妙的微结构/施利毅主编.—上海：
上海科学普及出版社,2018.1（2021.10重印）
（科创之光书系.第一辑/上海科学院,上海产业技术研究院组编）
ISBN 978-7-5427-7118-6

Ⅰ.①多… Ⅱ.①施… Ⅲ.①多孔性材料 Ⅳ.
①TB383

中国版本图书馆CIP数据核字（2017）第318376号

书系策划　张建德
责任编辑　张吉容　吕　岷
美术编辑　赵　斌
技术编辑　葛乃文

"科创之光"书系（第一辑）

多孔材料
——奇妙的微结构

上海科学院　上海产业技术研究院　组编
施利毅　主编
上海科学普及出版社出版发行
（上海中山北路832号　邮政编码200070）

http://www.pspsh.com

各地新华书店经销　　上海万卷印刷股份有限公司印刷
开本 787×1092　1/16　　印张 12.25　字数 168 000
2018年1月第1版　　2021年10月第4次印刷

ISBN 978-7-5427-7118-6　定价：42.00元
本书如有缺页、错装或坏损等严重质量问题
请向出版社联系调换

《"科创之光"书系(第一辑)》编委会

本书编委会

主　　编：施利毅

副 主 编：黄　垒

编　　委：（按姓氏笔画为序）
　　　　　方建慧　甘礼华　冯　欣　刘　秀
　　　　　刘明贤　孙丽宁　张登松　张　静
　　　　　苗　苗　周　婷　郭　佳

序

　　"苟日新，日日新，又日新。"这一简洁隽永的古语，展现了中华民族创新思想的源泉和精髓，揭示了中华民族不断追求创新的精神内涵，历久弥新。

　　站在 21 世纪新起点上的上海，肩负着深化改革、攻坚克难、不断推进社会主义现代化国际大都市建设的历史重任，承担着"加快向具有全球影响力的科技创新中心进军"的艰巨任务，比任何时候都需要创新尤其是科技创新的支撑。上海"十三五"规划纲要提出，到 2020 年，基本形成符合创新规律的制度环境，基本形成科技创新中心的支撑体系，基本形成"大众创业、万众创新"的发展格局。从而让"海纳百川、追求卓越、开明睿智、大气谦和"的城市精神得到全面弘扬；让尊重知识、崇尚科学、勇于创新的社会风尚进一步发扬光大。

　　2016 年 5 月 30 日，习近平总书记在"科技三会"上的讲话指出："科技创新、科学普及是实现创新发展的两翼，要把科学普及放在与科技创新同等重要的位置。没有全民科学素质普遍提高，就难以建立起宏大的高素质创新大军，难以实现科技成果快速转化。"习近平总书记的重要讲话精神对于推动我国科学普及事业的发展，意义十分重大。培养大众的创新意识，让科技创新的理念根植人心，普遍提高公众的科学素养，特别是培养和提高青少年科学素养，尤为重要。当前，科学技术发展日新月异，业已渗透到经济社会发展的各个领域，成为引领经济社会发展的强大引擎。同时，它又与人们的生活息息相关，极大地影响和改变着我们的生活和工作方式，体现出强烈的时代性特征。传播普及科学思想和最新科技成果是我们每一个科技人义不容辞的责任。《"科创之光"书系》的创意由此而萌发。

　　《"科创之光"书系》由上海科学院、上海产业技术研究院组织相关领域的专家学者组成作者队伍编写而成。本书系选取具有中国乃至国际最新和热点的科技项目与最新研究成果，以国际科技发展的视野，阐述相关技术、学科或项目的历史起源、发展现状和未来展望。书系注重科技前瞻性，文字内容突出科普性，以图文并茂的形式将深奥的最新科技创新成果浅显易懂地介绍给广大读者特别是青少年，引导和培养他们爱科学和探索科技新知识的兴趣，彰显科技创新给人类带来的福祉，为所有愿意探究、立志创新的读者提供有益的帮助。

　　愿"科创之光"照亮每一个热爱科学的人，砥砺他们奋勇攀登科学的高峰！

上海科学院院长、上海产业技术研究院院长

钮晓鸣

前 言

材料是推动社会发展的重要科技力量，一些重要的材料直接推动社会的变革，甚至成为社会进步的标识。比如我们熟悉的名称：新石器时代、旧石器时代、陶器时代、青铜器时代、铁器时代、硅时代等就是从材料角度来划分了人类文明的进程。近几十年，材料的研发更是进入到了一个前所未有的发展时期，一些高精尖的技术都用于新材料的探索和开发，而交叉学科的发展也大大促进了材料科学的进步。一些代表着高科技含量的材料类别应运而生，如纳米材料、碳材料、复合材料等，这些材料的性能越来越高端、功能越来越强大、应用越来越智能，因此，材料受到了越来越多科研人员及大众的关注。

本书介绍的多孔材料就是众多功能材料中的一类。我们都知道大自然经过亿万年的演变，造就了地球无数美丽与奇妙的生物和自然景观，孔洞结构便是其中的瑰宝之一。它体现了美与力的融合、美与功能的共存、美与生命的统一……美得让人叹为观止。大的孔结构可以为我们肉眼所见，如多孔岩石，尺度为厘米和毫米级别；而孔径小的远非我们的视力所能辨别，大多为微米、纳米级别，甚至可小到分子尺度，例如常见的木材就具有直径为几十微米的多孔结构，而天然沸石的孔道直径小于 1 nm，只有特定大小的分子才可以通过。由此可见，自然界就像一个巨大的有着悠久历史的实验室，用无数的化学反应来构建了万千奇特的孔结构，而科技的发展又进一步丰富了孔结构——越来越多精密复杂的结构以及特殊的功能被构建和挖掘出来，形成了形形色色的人工多孔材料。

广义的多孔材料是指富含孔结构的材料，由形成材料本身基本构架的连续固相和形成空隙的流体相构成。多孔材料应具备如下两个基本要素：一是材料中必须包含大量空隙；二是所含空隙具有特定的物理化学特性及特定技术效果；典型的孔结构有"蜂窝"结构和"泡沫"结构等。多孔材料具有比表面积大、高孔隙率、密度低、比强度高等特征，被广泛应用到环境净化、化工生产、能源转化、民用材料及军事国防等各个领域；近年来，其应用潜力被进一步挖掘，已拓展到微电子学、分子 / 光学器件学、生物医学等高新技术领域，成为各国科学家们竞相研发新材料的热点。

本书精选了目前较为热门的分子筛、活性炭、介孔碳材料、泡沫金属、气凝胶、金属—有机框架（MOF）材料、共价有机框架（COF）材料、等级孔材料等进行介绍。全书由施利毅教授组织并主编；概述多孔材料、活性炭、泡沫材料由施利毅教授和黄垒副研究员编写，等级孔材料由上海大学黄垒副研究员和研究生刘秀共同编写；分子筛由上海大学孙丽宁教授编写；介孔碳材料由同济大学甘礼华教授和刘明贤教授编写；气凝胶由上海大学冯欣副研究员和苗苗实验员编写；MOF 材料由上海大学张登松研究员、方建慧教授及研究生张静编写；COF 材料由复旦大学郭佳副教授和研究生周婷编写。

因为多孔材料涵盖范围较广，难以系统深入地进行介绍，基于编者的知识水平有限，书中难免存在不妥及疏漏之处，敬请广大读者批评指正。

编　者

2017 年 10 月

目　录

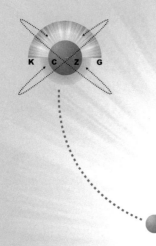

概述多孔材料

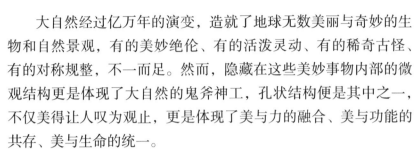

大自然经过亿万年的演变，造就了地球无数美丽与奇妙的生物和自然景观，有的美妙绝伦、有的活泼灵动、有的稀奇古怪、有的对称规整，不一而足。然而，隐藏在这些美妙事物内部的微观结构更是体现了大自然的鬼斧神工，孔状结构便是其中之一，不仅美得让人叹为观止，更是体现了美与力的融合、美与功能的共存、美与生命的统一。

自然界的孔状结构非常丰富，孔径大的凭肉眼可见，尺度在厘米和毫米级别；而孔径小的远非我们的视力可辨别，可小到分子尺度。例如，有很多岩石具有多孔结构，孔径在厘米和毫米级别，人的肉眼可分辨。再例如，我们常见的木材也是一种多孔结构，如占到针叶树材总体积的 90% 以上的管胞就是一种管装结构，其直径为几十微米，借助光学显微镜也可以分辨。当我们把尺度再放小一点到蝴蝶的翅膀微观结构，其由大量数十微米的鳞片组成，而鳞片排列形成很多大小不等、形状不规则的贯穿孔，孔径在几百纳米，其清晰结构就要借助电子显微镜来观察了。天然沸石的孔道直径小于 1 nm，只有特定大小的分子才可以通过。

由此可见，自然界就像一个巨大的有着久远历史的实验室，用无数的化学反应来构建万千奇特的孔结构，而人类文明的发展进一步丰富了孔结构，越来越多精密复杂的结构被构建，它们特殊的功能被挖掘出来，发展出形形色色的人工多孔材料。广义的多孔材料是指富含孔结构的材料，由形成材料本身基本构架的连续固相和形成空隙的流体相构成。多孔材料应具备如下两个基本要素：一是材料中必须包含大量空隙；二是所含空隙具有特定的物理化学特性及特定技术效果。一般来说，比表面积大、高孔隙率、密度低、比强度高等是其主要特征，因此，在环境净化、化工生产、能源转化、民用材料及军事国防等各个领域有重要应用；近年来，其应用潜力被进一步挖掘，已拓展到微电子学、分子/光学器件学、生物医学等高新技术领域，成为科学家们研发新材料的重点方向之一。

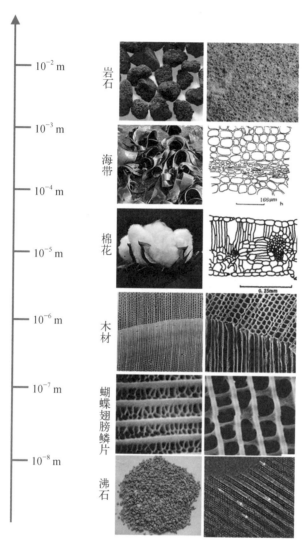

自然界的多孔材料

多孔材料的分类

　　多孔材料的分类方法有多种,一是根据孔结构来分类,具体又可从通透性、形貌及尺寸来考虑。比如从通透性角度,可以将多孔材料分为连通的开放孔和独立存在于内部的封闭孔,前者孔结构互

相联通，而后者孔腔互不相连，也造就了两种宏观材料不同的物理特性和应用。多孔材料按孔结构形貌可分为柱形、球形、裂缝形等，同时孔道可以是规整的如直的，也可以是不规整的如扭曲的。根据孔的尺寸又可将多孔材料分为微孔材料（microporous materials）、介孔材料（mesoporous materials）和大孔材料（macroporous materials），参照国际纯粹和应用化学协会（IUPAC）的定义，微孔材料为孔径小于 2 nm 的材料，介孔材料为孔径在 2～50 nm 的材料，大孔材料为孔径大于 50 nm 的材料。随着多孔材料研究的发展，在一种主体材料中同时存在多种尺寸的孔结构，为了和先前的单一孔材料区分，这类材料被定义为等级孔材料。

二是根据孔隙率和材料的密度来区分，这种分类方法通常在多孔金属、多孔陶瓷和泡沫塑料中应用。例如，泡沫塑料根据密度可分为低、中和高密度泡沫塑料，其中低密度泡沫塑料的气体体积与固体聚合物体积之比约为 9 : 1，密度小于 0.1 g/cm³，又称为高发泡材料；而高密度泡沫塑料的气体体积与固体聚合物体积之比约为 1.5 : 1，密度大于 0.4 g/cm³，又称为低发泡材料；介于两者之间的为中密度泡沫塑料。

三是根据多孔材料的来源又可分为天然多孔材料和人工多孔材料。天然无机多孔材料中以硅藻土和沸石最具代表性；人工

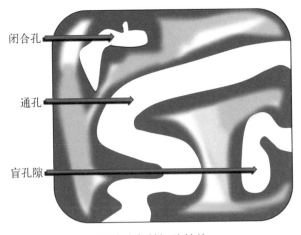

开放孔和封闭孔结构

多孔材料名目繁多，成分各不相同，孔结构丰富，用途也各不相同。当前研究和应用的主体还是人工合成的多孔材料。

多孔材料的特性

多孔材料的主要物理特性有孔结构丰富、比表面积大、密度低、比强度高等。决定多孔材料性能的除了其构成成分以外，还和孔结构及其分布和组合有密切关系，从而决定其传热、吸声、减震、传质等的性能和效果。如孔径大小是材料比表面大小的决定因素，也是影响分子在孔道中扩散和吸附的主要因素。大孔孔径较大，比表面积也非常小，吸附能力很弱，主要起吸附质运输通道的作用；而介孔的孔径较小、数目较多，可作为输送被吸附物质到达微孔边缘的通道，也可吸附分子直径较大的吸附质；而微孔孔径小、数目多，如在活性炭中微孔比表面积可占到整个比表面的95%，是吸附气体分子、液体中的小分子或直径较小的离子的主体。一个典型的例子是分子筛，其具有非常规整而均匀的孔道，孔径为分子大小的数量级，它只能允许直径比它孔径小的分子进入，从而起到筛分分子的作用。再例如，开孔结构的材料往往具有更好的传质和传热效果，而闭孔结构则表现出更硬的质地和更高的强度。而开孔率则决定了材料的密度和强度，如气凝胶具有非常高的孔隙率（99%），其密度可低至 0.03 g/cm^3，是目前世界上已知密度最低的人造固体物质。

多孔材料结构和性能的研究方法

多孔材料有这么多独特的结构和性能，那么如何来衡量这些结构和性能呢？最基本的参量为和孔结构相关的参数，如孔隙率、孔形状、孔径、孔分布、比表面积等；而特定孔结构带来的

传热、吸声等特性参数也是多孔材料应用过程中常见的测试参数。下面就着重介绍研究孔结构参数的手段，并简要介绍研究传热和吸声性能的测试方法。

孔隙率

孔隙率是指多孔体中空隙所占体积与多孔体表观总体积的百分比，一般表示为百分数，也可以表示为纯小数。

多孔材料的性能主要取决于孔隙率，孔隙率是决定多孔材料物理、力学性能的关键因素，也是多孔材料中最易测量、最易获得的基本参量。孔隙率测定的常用方法有显微分析法、直接称重体积计算法、浸泡介质法、真空浸渍法和漂浮法等。当多孔材料具有平整断面时可选用显微分析法。利用公式 $\theta = \dfrac{S_P}{S_O}$ （S_P：孔隙面积；S_O：断面总面积），通过显微镜观测并估算，可求得多孔体孔隙率。直接称重体积计算法适用于体积较大的多孔材料，将样品切割成规则形状，进行尺寸测量和质量测量，当样品体积较大时，测量误差小。浸泡介质法是利用流体静力学原理，将试样浸泡于液体介质中，待吸附饱和后再进行称重，通过计算试样中液体介质的重量来计算多孔体的孔隙率。使用该方法测量时要求液体介质密度已知，并具有和试样不反应、不溶解，对试样浸润性好、黏度低、表面张力小等特性。真空浸渍法由浸泡介质法发展而来，其原理和浸泡介质法基本相同，但要求试样浸充介质时采取真空渗入。

小贴士

越来越精确的电子天平

测定孔隙率需要用到电子天平，电子天平是常用称量仪器之一，用电磁力平衡来测量被称物体重力的天平，它综合了传感技

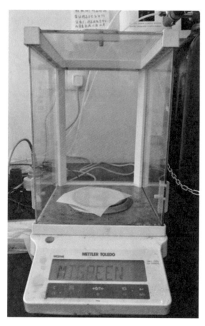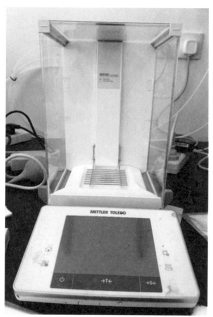

万分之一（左）和十万分之一（右）克的电子天平

术、模拟电子技术、数字电子技术和微处理器技术等。和机械天平相比，电子天平具有灵敏度好、操作简便、读数方便等优点，体积也远小于机械天平，现已在许多领域中被广泛应用。当前实验室广泛应用的主要为万分之一天平和十万分之一天平，而用于元素分析的高级天平可达到百万分之一级（即精确到 0.000 001 g）。

孔隙形貌及研究方法

孔隙形貌是影响多孔材料性能的另一个重要因素，多孔体的性能非常强烈地依赖于孔隙的形貌和微结构变化。可采用多种不同方式来观察分析多孔体的孔隙形貌和内部结构。

显微镜是观察孔结构的最常用工具。通常，对于孔径较大的多孔材料，可采用光学显微镜对多孔体的孔隙形貌和微结构进行简单的观察分析，在观察前需对样品进行切割、镶嵌和抛光等处理，测得的孔隙尺寸有一定失真。而对于孔径较小（微米、纳米

尺度）的多孔材料则要用到扫描电子显微镜（Scanning Electron Microscope，SEM）和透射电子显微镜（Transmission Electron Microscope，TEM）进行观察，并且很多电子显微镜还配置了元素分析的部件，可同时获得孔材料的组分和结构信息，有利于更全面了解多孔材料。

小贴士

扫描电子显微镜和透射电子显微镜

电子显微镜把电子流作为一种新的光源，利用聚焦电子束与试样相互作用产生的各种物理信号来分析试样，相对于光学显微镜有着更好的分辨能力，能够将样品放大几百万倍，可以观察到 1 nm 以下的微观结构，而人的眼睛仅能分辨 0.1～0.2 mm 大小的物体。电子显微镜中常见的是透射电子显微镜和扫描电子显微镜。

TEM 是一种具有高分辨本领、高放大倍数等优点的电子光学仪器。和光学显微镜不一样，TEM 不是以光波作为测试媒介，而是以波长极短的电子束作为照明源，用电子透镜（起到光学凹凸镜的作用）进行聚焦成像，通过一系列的透镜作用后获得高放大倍率的图像。TEM 主要由电子光学系统、电源系统、真空系统和操作控制系统四部分组成，其中电子光学系统（通常称为镜筒）是 TEM 的主体，一般由电子枪、聚光镜、物镜、中间镜、投影镜、样品室和荧光屏组成；电源系统包括电子枪高压电源、透镜电源和控制线路电源等；真空系统用来维持镜筒的真空度以确保电子枪电极间绝缘，并防止成像电子在镜筒内受到气体分子的碰撞而改变运动轨迹，减少样品污染；操作系统则主要起到对各个系统的调控。

工作时，透射电子显微镜通常采用电子枪来获得电子束作为照明源。电子枪发射的电子，在阳极加速电压的作用下，然后被聚光镜会聚成具有一定直径的束斑照到样品上。这种具有一定能量的电子束与样品发生作用，并通过透镜的作用后将透过的电子信号收集，这些电子信号可反映样品微区的厚度、晶体结构等多种信息，经过处理后形成样品的透射电子显微镜图像。

SEM 和 TEM 一样也是光电子和样品进行作用，将作用后的电子进行收集而形成放大的图像。SEM能够将材料微观放大成像，放大几倍至几十万倍，从毫米到纳米尺度，从而分析材料微观区域化学成分与晶体结构，也可以应用于生物医疗领域；相对于

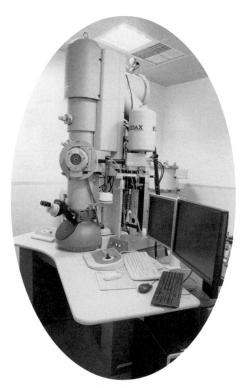

透射电子显微镜

TEM，SEM 有着样品制备方便、图像景深大、放大倍数连续调节范围大、真空度低等特点，尤其适合观察比较粗糙的表面如材料断口和显微组织三维形态，以及一些生物材料等。

和透射电子显微镜不一样的是扫描电子显微镜收集的是从样品同一侧获得的电子，主要来自样品表面，这些信号被相应的收集器接受，经过放大器放大之后，送到阴极显像管的栅极上，最终在荧光屏上形成一幅与样品表面特征相对应的画面。SEM 由电子光学系统（包括电子枪、电磁透镜）、机械系统（扫描线圈）、真空系统（包括支撑部分、样品室）和显示系统（样品所产生信号的收集和处理等）构成。

此外，当样片较薄时，可通过将 X 射线束导过样品，在一定横向面积上进行二维扫描的方式来得到其二维吸收形貌。这一方法要求样品厚度和孔隙平均直径的大小基本一致，若样品

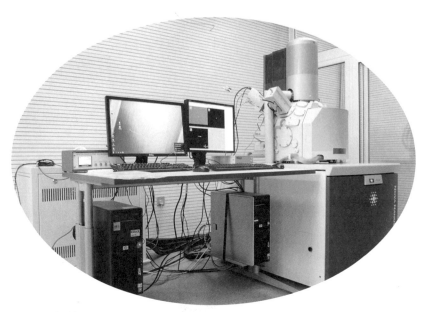

扫描电子显微镜

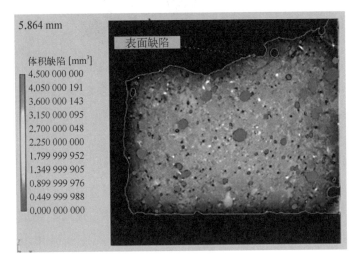

5.864 mm

体积缺陷 [mm³]
4.500 000 000
4.050 000 191
3.600 000 143
3.150 000 095
2.700 000 048
2.250 000 000
1.799 999 952
1.349 999 905
0.899 999 976
0.449 999 988
0.000 000 000

表面缺陷

计算机断层
扫描 CT 法
分析孔径

较厚，则难以做出正确的解析。利用 CT 技术，围绕样品进行旋转式螺旋扫描，可以获得 X 射线在样品上任意点的衰减情况，从而确定样品的内表面结构，构建各局部密度的数字模型。通过显微镜观察并记录孔壁的位置和厚度分布，也可得出孔隙的结构形貌。

孔结构及比表面积分析

孔径及孔径分布是多孔材料最为重要的孔结构参数。孔径是指多孔材料的等效或者平均直径，通常有最大孔径和平均孔径等表征方式；而孔径分布则是指各种孔径占到整个孔结构的比例。孔径大小的表征方式有很多种，如断面直接观察法、气泡法、透过法悬浮液过滤法等，最为经典的是针对大孔分析的压汞法、针对介孔和微孔分析的吸附法。

压汞法是一种用于测定多孔材料的孔隙特性的方法，其基本原理是对液体施加一定压力，液体可克服表面张力带来的阻力，浸入多孔材料的孔隙内，通过测定液体充满给定孔隙所需的压力值可确定该孔隙的大小。主要用于测量孔径分布、比表面积和孔隙率，也可测定孔道的形状分布，其孔径测试范围在几纳米到几百微米之间。因为使用了水银，应用范围受到了一定程度的限制。此方法只能用于测量连通孔隙，主要适用于圆柱状孔隙，实际应用中主要用于大孔结构的分析。

吸附法是分析孔结构及测试比表面积最为重要的方法，其原理是基于一些经典的吸附理论如朗缪尔（Langmuir）单分子层吸附理论、BET多分子层吸附理论以及波拉尼（Polanyi）吸附势理论等。

压汞仪

Langmuir 单分子层吸附理论是基于动力学模型，于 1916 年推导出吸附等温式。这一公式的成立基于三大假设：吸附剂的表面是均匀的，所有吸附点的能量完全相同；被吸附到吸附剂上的分子间没有相互作用；吸附仅限于吸附剂表面的单分子层作用，当吸附剂表面饱和时，吸附剂不再吸附新的分子。

在一定条件下，吸附和脱附间可以建立动态平衡，速度相等，得到 Langmuir 方程：

$$\theta = \frac{n}{n_m} = \frac{bP}{1+bP}$$

式中：θ——吸附剂表面覆盖率；

n——吸附气体分子的量；

n_m——单分子层饱和气体吸附量；

P——吸附平衡时的气相压力；

$$b = \frac{\alpha}{\alpha' \exp\left(\dfrac{E}{RT}\right)}$$

b——吸附常数。

建立吸附等温式的三大假设普遍与真实情况不符，但在描述单分子层吸附的状态方程时，与得到的大多数实验结果相符合，故而被广泛应用。在实际使用中，常常要对方程进行一些修正，修正后可用于超临界吸附的计算。

BET 多分子层吸附模型由布朗诺尔（Brunauer）、埃米特（Emmett）和泰勒（Teller）以 BET 单分子层吸附理论为基础提出，是多分子层吸附模型，在 Labgmuir 单分子层吸附理论的基础上补充提出了以下几点假设：可以同时发生多分子层吸附，在原先被吸附的分子上面可以吸附另外的分子；第一层未吸满时可吸附第二层，对每一单层都可用 Langmuir 公式进行描述；每一层分子被吸附的作用力不同，第一层靠吸附剂与吸附质间的分子引力，第二层以后靠吸附质分子间的引力，根据引力不同，产生的吸附热也不同，总吸附量等于各层吸附量之和。BET公式中，吸附剂表面是均匀的、吸附为定位吸附、同层中相邻分子间没有作用力等假设不符合实际情况，使得BET理论具有局限性，但这一理论能半定量（至少定性）地描述物理吸附的五类等温线，也是至今应用范围最广的一条吸附理论，亦是目前国际上测定比表面积普遍采用的一种方

吸附仪

法，适用范围较广，测试的准确性和可信度高。

与 Langmuir、BET 等理论不同，Polanyi 理论认为气体在微孔吸附剂上的吸附行为是微孔填充。Polanyi 理论假设：吸附剂的表面吸附势按吸附空间分布的特性曲线与温度无关；两种气体分子在同一种吸附剂微孔表面上的吸附势之比近似于常数；具有分子尺度的微孔，由于孔壁之间距离很近，发生了吸附势场的相互叠加。基于该理论可以推算出微孔的孔径等参数。

传热性能及评价

多孔材料的热性能主要通过热导率来表征和估算。热导率物理的意义为在温度降低时在单位时间和单位长度内通过热流垂直截面单位面积的单位热量，也叫导热系数。测量热导率的方法以傅里叶热传导定律为基础，分为稳态测量与动态测量，

其中常用的为稳态测量方法中的驻流法。此方法是以在测量过程试样各点的温度不变，流过横截面的热量相同为前提。该方法分为直接法与比较法。直接法是把圆柱体样品一端进行加热保持温度不发生变化，若热量对外无散失且被试样完全吸收，因此接收的热量便是热功率 P；比较法则由已知热导率的材料为标本样品，将待测试样与标样的一段加热到相同的温度，找出两者温度相同点与热端的分别距离，进而求出试样的热导率。对于多孔材料，内部热流受到多个因素的影响，如热传输与孔隙尺寸及孔隙内部的流体流动状态有关，体积热传输与多孔物体的有效孔隙率和结构形态有关，传导率高的还和内表面积有关。

吸声性能及评价

声音的吸收是指入射声波既不发生反射也不发生穿透，其能量被材料所吸收。产生这种吸声现象的途径有很多，如材料自身的机械阻尼、热弹性阻尼以及锐边的涡流发散等。多孔材料的吸声机理以材料的内在阻尼与空隙表面黏滞耗损为主，且声波的衰减机制分为两个部分，一个为几何因素引起的以反射与散射引起的波动振幅的衰减，另一个为多孔材料内部损耗如摩擦、黏滞效应等物理因素。评价吸声材料吸收性能的主要参数为吸声系数，其定义为吸收声能和入射声能之比；不仅与吸声材料的性能有关，还与声波频率与其入射方向有关。检测方法主要有驻波法、混响室法，实验测量的还有传递函数法、声强法等。

多孔材料的应用

多孔材料具有丰富的孔结构、巨大的比表面积、高比强度性

能，在吸附、导热、隔音、导电方面也显现出和常规固体不一样
的特性，被广泛应用于环境净化、石油化工、化学工业、能源转
化、民用材料、军事国防、航空航天、微电子、分子/光学器件、
生物医药等领域。

基于孔结构和比表面积的应用

基于孔结构和比表面积的用途最多，包括催化、过滤和分
离、吸附等。

催化剂载体是多孔材料最为重要的应用之一，在环境催化、
石油炼制、化工等行业有着十分重要的作用，是这些化学过程
得以进行的基础。如在石油炼制工业中，美国 Mobil 公司于 20
世纪 60 年代将八面沸石用于催化裂化过程，使活性大为提高。
之后，多孔材料在石油化工中的应用不断深入，到目前占市场
份额最大的是用于石油炼制流化床催化裂化过程的 Y 型沸石，
其次是应用于重整、歧化、异构化和烷基化等石油化工过程的
ZSM−5 和丝光沸石，而苯酚氧化制对苯二酚和丙烯环氧化等过
程则在钛硅分子筛上进行；近年来，由我国中国科学院大连化

甲醇制取低碳烯烃工程

学物理研究所自主研发建成的世界上首套万吨级甲醇制取低碳烯烃（DMTO）工业性试验装置，在 2005 年底完成了试验设备的调试工作，继而投入 DMTO 技术的工业化示范运转，是我国具有自主知识产权的以煤或天然气为原料制取低碳烯烃的技术取得了重大突破性进展，获第十三届中国专利金奖。在环境催化中，泡沫金属和泡沫陶瓷是催化载体材料的重要选择；如将催化剂浆料涂于薄的泡沫金属片表面，然后通过成形（如轧制）和高温处理，可以用于电厂废气处理和柴油车黑烟净化等。在化工生产中，研究表明在 SBA-16 的笼状结构中封装手性钒氧 Salen 配合物可用于醛的不对称氰基硅烷化反应。

在过滤和分离方面，多孔金属和陶瓷等多孔材料具有优良的渗透性，孔道对液体有阻碍作用，从而能从液体中过滤分离出固体或悬浮物，使高效的过滤与分离材料在环保行业、化工行业、冶金工业、航天工业和原子能工业中得以应用。如在实现煤气化的过程中，烧结金属多孔材料可用于输送煤粉的充气罐、通气管、通气板等，用以保证煤粉输送的稳定、连续；可用在飞机、坦克、军舰等使用的液体燃料、油和润滑材料中固体残留物（$5 \sim 10 \, \mu m$）的过滤，以及在核技术中的液体金属钠、锂的过滤。此外，在医药卫生行业用来过滤消毒、细菌等。硅基介孔有机—无机杂化材料已广泛用于从废蒸汽中分离一些无机离子如汞和铅等重金属离子。

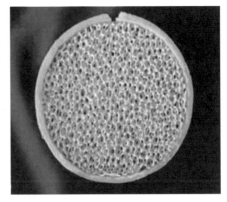

泡沫金属（左）及泡沫陶瓷（右）过滤产品

吸附是多孔材料的又一重要应用，其丰富的孔结构和巨大的比表面积为吸附反应提供了巨大的场所，在环境净化中应用尤其广泛。如新装修房子或者新购买汽车后，人们都喜欢购买一些活性炭及其制品以去除甲醛和挥发性有机物（VOC）等；在冰箱中也可放置一些活性炭去除异味；也可以用在排除油蒸汽或碳氢化合物蒸汽以及某些气味，通常为过滤的最后一级；一些大型工程，如钢厂的烟气净化中也用到活性炭来同时脱除氮氧化物、硫氧化物、二噁英等多种有害成分，展现出良好的效果。新型的金属有机框架（MOF）和共价有机框架（COF）材料则在温室气体二氧化碳等的选择性吸附捕集方面展现出独特的优势，如金属锂掺杂在COF材料中，可在每克材料中吸附二氧化碳409 mg，性能十分优异；再例如COF材料对于甲烷等也有非常高的吸附能力，每克COF-10可以吸附255 mg氨气。

因为多孔材料具有开放多孔状结构，允许新植入骨细胞组织在体内生长及体液环境下的传输，尤其是多孔材料的强度及杨氏模量可以通过对孔隙率的调整同自然骨相匹配，如多孔钛对人体无害且具有优良的力学性能和生物相容性，已被用作植入骨用生物材料。此外，一些多孔材料具有载药和缓释功能，并且可以进一步功能化为造影剂，如有科学家合成了

活性炭在治理工业废气中的应用

一种以磁性氧化铁颗粒为核、以装载药物分子的介孔氧化硅为壳的核—壳结构磁性纳米复合粒子，介孔孔道的存在实现了布洛芬的包封和在模拟体液中的缓慢释放，而磁性内核可以作为MRI-T2的造影剂。

多孔材料还可作为一种流体分布装置。多孔粉末冶金材料在磁带处理设备中的漂浮塑料膜的气浮辊筒中得到了大量的应用；再如多孔陶瓷用于水体中的气体分布；不锈钢或铁发泡板在医用氧合器中将氧气均匀充入血液中等。

多孔材料还可以作为隔焰防爆材料。如在油箱中放入金属多孔材料后，其孔隙结构可以把油箱分成许多很小的空间，这些孔隙骨架既可以遏制火焰的传播，也可以通过发生迅速的热交换而吸热或散热，降低体系温度和压力，从而防止了爆炸的发生。国内外多采用铝合金作为原料来制造多孔防爆材料，在许多军事领域已经得到应用，如在直升机的外油箱中装入这种材料后，即使遭到射击也不会发生爆炸。

基于吸能减震性能的应用

吸能减震是多孔材料的另一个重要特性。如发泡塑料用于包装、沙发家具、枕头、坐垫、玩具、服装、运动器材等就是利用了多孔材料的吸能减震这一重要特性；而汽车工业中，泡沫金属则扮演着非常重要的角色，如用泡沫铝合金做成的汽车零部件有防撞A柱、防撞B柱、保险杠、发动机舱盖、行李厢盖、翼子板、消声器、减震支座等。在航天工业中泡沫铝早已应用在空间探测器着陆系统和卫星承载结构系统中，我国的航天探月工程中，泡沫铝也被用来制作成航天器返回舱底座和玉兔号月球车起落架。

基于隔音性能的应用

隔音性能应用最广泛的还是泡沫类材料，材质有金属材

多孔材料在吸能减震方面的应用

料、高分子材料、无机材料和有机无机复合材料等。该类材料的高孔隙率和孔的立体均布性赋予其优良的声学性能，具有吸声系数高、适用频带范围高、易加工、无污染、耐尘、耐潮湿和良好的装饰效果等特点。其中，多孔金属及多孔塑料等材料具有较好的能量吸收性能，是一种很好的消音材料，如日本、美国、德国等国家研制的泡沫铝已在船舶、铁路、公路等领域获得广泛应用。

基于导热性能的应用

隔热也是多孔材料的重要应用之一，使用最为广泛的是泡沫塑料。通常用作隔热材料的泡沫塑料主要为闭孔结构，其导热率非常低，主要原因有三：一是其内部存在大量导热率低的气体，可降低材料总体的导热率；二是相对密闭的空间限制了空气流动，减少了对流传热；三是空隙内表面可以反复吸收和反射而减少热辐射。建筑中使用发泡材料来隔热和保温，可减少采暖供热系统

的能源消耗，从而起到环保节能的效果。如目前常用的材料是聚苯乙烯泡沫塑料和聚氨酯泡沫塑料，在建筑保温节能方面备受关注，尤其在管道保温中使用广泛。

此外，金属良好的导热性能及其和空气之间的大表面接触造就了多孔金属材料的高效散热效率。如泡沫铜可用作电机、电器产品的散热材料，自身网眼的特点可以让空气自由穿过，强化热量的排散效果，保证设备的运行温度不会超过50℃。

基于高比强度性能的应用

高比强度性能让多孔材料在交通运输工具中扮演着非常重要的角色。由于多孔材料具有双重优越性，即固有的轻质性和可塑性，所以多孔材料的应用将使交通工具的重量减轻成为可能，大大节省能源，减少环境污染。在军事方面也可用于生产轻型、高机动性和可运输的防爆装甲系统。在民用建筑方面，采用泡沫三明治式铝材制造电梯舱可以减少其电能消耗，起到建筑节能的作用。

基于导电性能的应用

多孔金属材料推动了电池电极行业的发展。泡沫镍作为电极已广泛用于各种蓄电池、燃料电池、空气电池，由于其孔隙度高，而且电极板在浸渍活性物质（如硝酸根离子）期间能抗腐蚀，目前的Ni-H电池使用粉末烧结镍片制成的镍纤维作电极；泡沫镍也可以作为燃料电池的电催化剂，如在熔融碳酸盐燃料电池中，工作温度通常为550～700℃，泡沫镍可以作为其电催化剂；在质子交换膜电池中作为两极极板改性材料。

金属多孔材料可用做静电防护材料。静电是易燃液体爆炸和火灾的主要原因之一，特别是燃料在运输、流动、充装等过程中，由于摩擦而产生的静电危害很大，将金属多孔材料放入油品以后，导体将带电体包围起来，利用屏蔽效应使带电体的静电作用不向外扩散，同时利用屏蔽使参与降低带电电位及放电的面积和体积减小，从而抑制静电放电。

多孔材料的未来

多孔材料由于其独特的结构特点而产生了很多特殊物理性能，正如材料的演变历史与发展过程一样，在应用需求不断增加的趋势下，多孔材料的发展正在经历蓬勃发展的阶段，结构越来越丰富，功能越来越强大，应用领域越来越广泛。

以泡沫材料为代表的大孔材料具有相对密度小、比表面积大、比强度高、吸能性能好、导热效果特殊等很多致密固体难以企及的功效，为工程设计提供了更大的创造潜力；同时，随着加工技术的发展，大孔材料的结构必将更加丰富，对孔结构的控制精度越来越高，成本也将越来越低，其应用的领域在未来也将获得更大的拓展。介孔材料具有大的比表面积，有利于多表面活性位的构建，介观尺度上可调的孔径与组成元素的多样性扩展了介孔材料在分子催化反应中的应用，尤其是多种类型大分子催化反应中的应用；近年来，由于有序介孔材料的结构与物理化学性能独特，而尺寸均一的孔道提供了良好的纳米限域空间，从而进一步拓展了介孔材料的功效。微孔材料是催化与吸附分离领域的关键材料，在以分子筛为代表的材料开发、制备技术及工业应用方面获得了巨大发展，为碱催化、超大微孔分子筛催化、氧化还原催化与分子筛的手性催化等发展提供了强有力的基础。

复合材料是孔材料发展的趋势，复合的结构和组分将更加拓宽多孔材料的特性及应用领域。如含微孔多级孔复合材料的兴起，促进了双功能甚至多功能分子筛催化剂的进步；基于结构与性能的多样性和可调控性，在此基础上发展且开拓出了四类微孔

基主客体先进功能材料：多孔主体与金属或金属簇构成的复合体系，多孔主体与聚合物及碳物质形成的复合材料，多孔主体的孔道或腔笼中形成的无机半导体等功能纳米粒子构成的主客体复合材料，多孔主体与有机分子、金属配合物、簇合物、超分子、药物分子等形成的主客体材料。这些主客体材料可形成各种功能与类型的膜、纳米态、特殊形貌与完美的晶体等，借助主客体物质的协同功能效应产生了很多新功能，是一个具有重要发展前景的新科学领域。

总之，多孔材料由于其奇妙的结构和特性，在新理论、新技术、新应用的拓展下，也将变得更加丰富多彩，为推动社会发展和人类文明进步发挥积极作用。

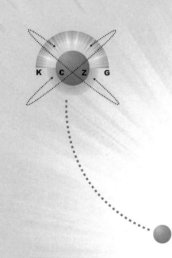

最常见的多孔材料
——活性炭

什么是活性炭

　　活性炭是一种由微晶炭和无定型炭构成、空隙结构发达、具有巨大比表面积和超强吸附能力的碳素材料。从成分来看，活性炭的碳成分常常占到 80%～90%，同时还存在其他两类元素：一类是和碳进行化学结合的元素，包括 H、O、N、S 等，这些元素因为不完全碳化而残留在炭中；另一类是灰分，为 K、Al、Si、Na、Fe 等无机组成部分。从原子排布来说，活性炭的碳元素存在石墨微晶为基础的无定型炭和不规则碳交联结构，前一种结构具有和石墨碳结构类似的六角形碳网平面及平行堆砌方式，但是由于各个层的堆叠没有秩序，所以活性炭并不表现出宏观的晶体学性质；后一种碳则有的呈六角形碳网平面，而有的因为杂原子的引入导致平面扭曲或者形成杂环结构，排列也不规整，同样不具备宏观晶体学性质。

　　活性炭的孔结构发达，比表面积可高达 $1\,000\sim2\,000\ \mathrm{m^2/g}$，这是活性炭具备超强吸附性能的根本原因。同时活性炭具有化学性质稳定、耐酸耐碱耐热、不溶于水和有机溶剂等诸多特点，可

六角形碳网平面

让其应用于不同的场合发挥吸附作用，而吸附的物质又可以通过脱附过程令活性炭再生，让其成为一种品质优良的吸附剂。此外，活性炭具有丰富的表面官能团，最重要的是含氧官能团，如羧基、酚羟基、羰基内酯、醚、过氧化物等，通过对这些官能团进行加工，可以调节其表面的酸碱性、极性等，从而改变其吸附行为，尤其是改变其催化性质。

目前，活性炭在环保、化工、制药、食品加工、军事、化学防护等方面都有重要应用，逐渐成为人们日常生活、工业生产和国防建设的常见材料。

活性炭的发展历史

作为一种常见的多孔材料，活性炭的历史非常悠久，关于活性炭的使用历史上早有记载。早期关于活性炭的应用都是以木炭为主，如埃及人于公元前550年就开始把木炭用于医药；我们国家长沙马王堆出土的汉朝棺椁表明当时已开始用木炭来防腐防潮，对棺椁保存起了至关重要的作用；公元前2世纪，印度开始用木炭过滤用水。到了19世纪中叶，人们开始尝试用新的材料来制备活性炭，提高吸附性能。如Lipsmmbe于1862年制成了用于生活用水净化的活性炭；Stenhouse于1856—1872年用面粉、焦油和碳酸镁制成了脱色炭；Hunter于1865年用椰壳制备了活性炭。

以上早期的记录或者历史考证表明活性炭早已开始被人们使用和制备，但是由于历史和技术的局限性，活性炭并未实现工业化。直到1900—1901年，奥斯特里科（von Ostrejko）将金属氯化物与植物性原料高温碳化，或用二氧化碳与碳化材料反应制造活性炭，该技术打通了活性炭的现代工艺途径，分别获得了两项英国专利和一项德国专利。当时制糖工业发展迅速，而蔗糖脱色的需求也十分巨大，因此，工业活性炭的发展就和制糖工业紧紧绑在了一起。1909年，在欧洲生产出了首批粉状工业活性炭；

1911 年，Mangold 在维也纳附近首次用水和二氧化碳工业生产了粉状活性炭——埃波尼特牌（Eponit）活性炭；同一年，荷兰阿姆斯特丹的 Norit 生产出著名的糖用活性炭——诺芮特（Norit）。1913 年，Wansch 用氯化锌与木料等高碳含量物质制备出性能优于埃波尼特牌活性炭，该技术先后在澳大利亚和德国获得专利。

如果说制糖工业促使了活性炭的工业化，那么第一次世界大战期间防毒面具的广泛使用则推动了活性炭工业的快速发展。1915 年，俄国为了应对德国释放毒气，研制了活性炭防毒面具，也逐渐引发了对活性炭吸附和催化功能及其应用的研究。活性炭从传统的制糖工业应用逐步扩大到药物、油品等产品的精制等领域，一些活性炭厂也陆续开设。20 世纪 40 年代，活性炭被用于自来水厂脱臭，这是活性炭应用史上的又一重要事件，标志着活性炭逐步进入环保领域，开启了另一个巨大市场。在 20 世纪中叶，一个活性炭制造商和贸易商的国际性组织——CarboNorit 联合公司成立，它几乎包括了当时欧洲主要的活性炭公司。

近几十年，随着社会的进步和工业发展，活性炭工业得到了大力发展。活性炭的应用也从最初的制糖工业应用发展到如今的环境保护、化工制造、食品工业、医药工业、农业、国防工业等领域。活性炭制备的原料也从最早的木质原料发展到煤质原料、石油原料及合成树脂原料等，例如美国和日本可利用石油焦制备出比表面积超过 3 000 m^2/g 的超级活性炭。活性炭制备的碳化、活化及成型工艺也得到了深入研究和发展，如制备煤基活性炭的预氧化工艺，基于无机模板制备多孔炭的铸型碳化工艺、聚合物碳化工艺等；活化技术也从简单的物理活化和化学活化，发展到复杂的物理、化学及物理化学结合的活化方法，近年来采用超临界水活化成为一种新的高效工艺，此外，活化设备如竖式炉、转炉和流化床等也得到了发展；活性炭成型方面，也从最早的活性炭粉末，发展到颗粒活性炭、蜂窝活性炭等，近年来又出现了将活性炭用胶黏剂固定在如无纺布和纤维毡等不同的基材上，加工成毡状、管状等，以适应不同的应用需要。

活性炭的多孔结构与吸附

孔结构发达是活性炭的主要特征，孔的尺寸跨度可从亚纳米级到微米级。发达的孔结构为活性炭提供了非常大的比表面积（单位质量物料所具有的总面积，单位是 m^2/g）。例如一些常见活性炭的比表面积为 $800 \sim 1\,500\ m^2/g$，而高比表面积活性炭的则高达 $2\,000\ m^2/g$ 以上，超级活性炭可达到 $3\,000\ m^2/g$ 以上；也就是说 1 g 超级活性炭的面积大于 7 个标准篮球场（$420\ m^2/g$）的面积，这也是活性炭可提供超大吸附容量最主要的原因。

孔结构大小的分类主要有两种比较权威的说法：一是杜比宁（Dubinin）的分类，把孔半径小于 2 nm 的称为微孔，把半径为 $2 \sim 100$ nm 之间的称为过渡孔（中孔），而把半径大于 100 nm 的孔称为大孔；二是目前使用广泛的国际纯粹与应用化学联合会（IUPAC）的分类，多孔材料根据其孔径的大小可分成 3 种，即微孔材料（孔径 < 2 nm）、介孔材料（孔径 $2 \sim 50$ nm）和大孔材料（孔径 > 50 nm）。孔的形状也非常丰富，如孔状、沟槽状和裂口状、狭缝装等；一些细孔还有闭孔、一段开口及两端联通的孔；此外，不同大小的孔互相联通，通常来说大孔分叉连接中孔，而中孔分叉连接微孔。从形成过程来说，活性炭微孔主要在活化过程（在后面制备方法上会有介绍）获得，这个过程中去除了一些石墨微晶结构之间的含碳化合物，以及微晶内部去除部分石墨碳，从而形成大量空隙；另外，大量微晶结构和交联碳也可形成微孔结构；而大孔结构则是在制造活性炭时的粉碎和凝结等过程中形成。

在介绍不同孔结构的功能和作用之前先简单介绍吸附的基本原理。吸附分离作用是指流体与多孔固体接触时，流体中某一组分或多个组分由于物理或化学作用在固体表面产生积蓄，从而将某一种或数种组分进行分离和富集；其本质是多孔材料表面原子受到不对称力的作用而形成剩余力场，从而对接近表面的流体分子产生吸引效果。通常来说，吸附分为物理吸附和化学吸附，两

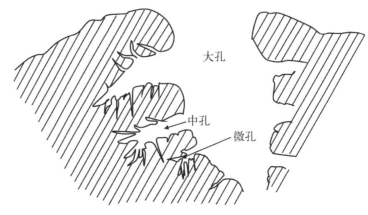

大孔

中孔

微孔

活性炭孔分布图

者的区别如下表所示：物理吸附和化学吸附的作用力不一样，导致物理吸附的吸附热明显比化学吸附的吸附热要低，这也是两者的主要区别标志之一；同时，在吸附的选择性、吸附速率、吸附分子层数和稳定性方面，两者也表现出很大的区别。由此可见，吸附分离过程选用的吸附剂应该以物理吸附为主，一方面可达到快速高效的吸附，另一方面也有利于吸附剂的再生。

物理吸附和化学吸附的比较

比较项目	物理吸附	化学吸附
吸附作用力	范德华力	化学键力（价键力）
吸附热	较小，接近液化热，一般不超过几十 kJ/mol	较高，近于化学反应热，一般在几百 kJ/mol
选择性	无选择性	有选择性
吸附速率	较快，不需要活化能	较慢，需要活化能
分子层	单分子层或多分子层吸附	单分子层吸附
稳定性	不稳定、容易解吸	较稳定，不容易解吸

由于吸附具有不稳定性，受到温度的影响较大，通常材料的吸附性能研究都是在一定温度下进行，吸附质和吸附剂在经过长

时间的稳定达到热力学平衡，这个时候的吸附量就是该温度下的最大吸附量。但在实际应用时，接触时间有限，温度也有一定梯度，这个时候吸附质在吸附剂上的分配达到一个动态平衡，这时的吸附量也比热力学平衡时的要低，但是其更具有应用参考价值。

具体到活性炭的吸附行为，不同的孔结构也显现出各自的特点。现在比较公认的是大孔由于其空间结构较大，容易在表面形成多分子层吸附；而过渡孔则容易发生毛细凝聚，可形成液化的弯曲液面；而对于微孔结构，气体在这些孔结构中不发生毛细凝聚，其吸附理论对应着容积填充理论。但是不管哪种吸附特性，物理吸附是其主要形式。

活性炭中因为不同孔结构的分布和吸附行为等不一样，从而也显现出不一样的功能和作用。通常来说，微孔孔径小、数目多，微孔体积大约为 $0.15 \sim 0.90$ mL/g，占总孔容积 80% 以上，其比表面积可占到整个活性炭比表面积的 95%；对气体分子、液体中的小分子或直径较小的离子具有极强的吸附作用，是吸附的主体。过渡孔的孔径较小、数目较多，微孔体积大约为 $0.02 \sim 0.10$ mL/g，其比表面积一般不超过整个活性炭比表面积的 5%；其一方面可作为输送被吸附物质到达微孔边缘的通道，另一方面可吸附分子直径较大的吸附质以及在足够高的压力下由于毛细凝聚的作用而使得蒸汽吸附在过渡孔中。大孔孔径较大，容积所占比例极小，比表面积也非常小，一般可忽略不计；所以大孔吸附能力很弱，主要起吸附质运输通道的作用。

活性炭的制备

活性炭的制备过程是指将高含碳物质经过一系列物理和化学处理，去除一些杂质元素（如 H、O、S 等）并获取多孔结构的工艺过程。最早的工业生产活性炭的方法于 20 世纪初发明，部分工艺沿用至今，但随着活性炭制备原料的扩展和应用需求的多

样化，也发展了很多新的制备技术和设备。

从制备活性炭的原料来说，最早的原料为木材，后来发展了其他木质原料如竹子、椰子壳、核桃壳、油茶壳、农作物秸秆及纸浆废液等；后来又发展到煤质原料，主要有无烟煤、烟煤、褐煤及泥煤等；再后来发展到石油加工品如沥青、石油焦等，以及近年来发展的合成树脂等。目前，随着环保要求的提升和废弃物资源利用技术的发展，一些含碳残渣、灰粉、废弃轮胎等可聚合物废料也用来制取活性炭。不同原料制备的活性炭也各有其特点，如椰壳活性炭具有较高的比表面积和吸附容量，在气体净化方面有重要应用；而利用一些石油制品则可获得比表面积高达3 500～5 000 m²/g 的超级活性炭，在环保等领域具有应用价值。

活性炭制备工艺根据原料、应用需求等各不相同，但其核心过程有碳化、活化和成型三项工艺。碳化的作用是将碳氢化合物在高温和一定气氛下脱除非碳元素如氢等，从而获取较高碳含量物质，部分孔道结构在这个过程中形成。而活化则是在碳化的半成品基础上进一步通过物理或者化学的方法制备丰富的孔结构，也是活性炭制备最为重要的一步，分为物理活化和化学活法两种重要方式。成型是根据应用需求，将活性炭制备成颗粒状、柱状、蜂窝状或者固定在特殊结构上的工艺过程。以上三个过程可

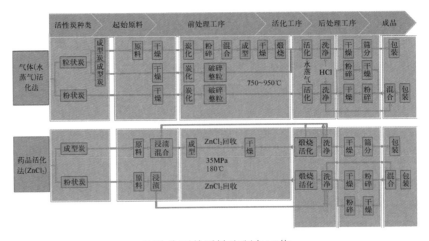

几种典型的活性炭制备工艺

以根据实际需要，相互穿插，如将碳化和活化结合起来，达到一步制备高比表面积活性炭的目的。

物理活化法是将碳化后的半成品炭在 $600 \sim 1\,200\,℃$ 下，采用水蒸气、二氧化碳、空气等对碳化物进行部分氧化，从而获取多孔结构。这个过程中活化的温度、时间、活化气体的组成及分压等参数（如烧失率）都可影响氧化过程，进而影响孔结构。例如，烧失率在不大于 50% 的情况下主要产生微孔活性炭，而烧失率大于 75% 时则容易产生大孔结构，介于两者之间则同时获得大孔和微孔结构。近年来，也发展了利用超临界水进行活化的方法，其比传统的水蒸气法更利于过渡孔的发展，在孔结构调节方面具有优势。

化学活化法是在原料中加入化学药品，在较低温度下将碳化和活化一步完成。通常使用的活化剂有含碱金属（KOH、NaOH、K_2CO_3、Na_2CO_3 等）、碱土金属（$MgCl_2$）和一些酸（H_3PO_4）等，其共同的特征是影响热分解过程的脱水作用，即原料里的 H 和 O 以水的形式释放出来，从而形成空隙结构。如目前研究活跃的 KOH 活化法始于 20 世纪 70 年代，其特点是活化温度低（$700 \sim 900\,℃$），容易调整产品的孔隙结构，从而获得比表面积高、微孔分布集中、吸附性能优异的高性能活性炭。有报道表明，以中间相碳微球（MCMB）为原料，利用 KOH 活化法制备出了比表面积高达 $3\,500 \sim 5\,000\ \text{m}^2/\text{g}$ 的超级活性炭，苯吸附值达到 850 mg/g，在气体和水体净化中表现出极为优越的性能。

此外，为了进一步强化活性炭的功能及特殊领域的应用，活性炭的孔结构调控成为近些年的研究热点之一。常用的调节孔结构的方法有开孔或扩孔法，如活化法、制孔剂法、等离子体法等。采用化学气相沉积（CVD）技术在孔结构中沉积新的碳物种，然后在一定温度下将其碳化，如在大孔和中孔内壁形成新的碳物质，从而达到调节孔的尺寸和结构的效果；再例如，有研究报道在孔径小于 0.8 nm 时，采用 CVD 方法可以进一步将孔道缩小到 0.5 nm 以下，形成活性炭分子筛，达到筛分分子的目的，在

CO₂吸附和再生方面展示出很好的应用前景。

对活性炭的表面进行再修饰也是改变活性炭性能的重要手段，如在活性炭的孔道结构中引入一些高分子有机物改变表面极性、一些酸碱性物种调变孔表面的酸碱性，以及引入一些金属及氧化物来拓展其催化功能，从而丰富和提高活性炭的应用效果。有研究表明，在活性炭表面引入一些含氮官能团可以提高对酸性气体或者离子的吸附容量。另外一类重要的改性就是在活性炭表面引入催化剂，使活性炭不仅具有吸附功能，更重要的是具有催化作用，从而大大扩展其在化工反应、环境净化方面的用途。

活性炭制品

传统的活性炭主要有粉状和颗粒状等形式，但是随着需求的不断拓展，这些形式已经难以满足特殊场合的应用，活性炭被要求加工成各种特殊制品以获得应用。这

颗粒状蜂窝活性炭

里简单介绍几种代表性的活性炭制品，包括蜂窝活性炭、活性炭纤维及制品、含碳无纺布等。

蜂窝活性炭

蜂窝活性炭是在粉状活性炭的基础上发展而来。粉状活性炭在工业应用时往往阻力较大，同时存在活性炭逃逸的可能，制约了其实际应用。1987 年，日本科学家最早报道将粉状活性炭制作成蜂窝状活性炭；我国的科学家也在 1988 年开始研发，并于

次年投入批量生产。蜂窝活性炭具有规整的孔道结构、较高的机械强度、开孔率高等特点，相对粉末活性炭来说，其具备了更好的气体分布特性、更大的比表面积、扩散路程短、耐磨

蜂窝状蜂窝活性炭

损、抗粉尘能力强、材料装卸更换方便等优点，在气体净化方面具有诸多优势；同时，蜂窝活性炭可作为高效催化剂载体。蜂窝活性炭的制备工艺如下：在活性炭粉末中加入添加剂（黏结剂、润滑剂、造孔剂等），通过搅拌、捏合、挤压成型、干燥及高温热处理等环节而获得；催化剂的加入可以通过传统的浸渍法、共挤出、涂布等方法实现。

含碳无纺布

含碳无纺布（夹碳布）是一种将活性炭黏附在无纺织物外部或者内部形成的具有吸附功能的织物材料，具有良好的吸附性能、气流均布性能及加工性能等特点，在化学防护服、室内空气净化方面有所应用。如德国的 Saratoga Tex-shield 公司、美国的 Du Pont 公司等都做出了非常好的产品。夹碳布的生产过程是利用黏合剂的作用将活性炭黏结在无纺布的内部或者外部，工艺包括活性炭浆料的配置、涂敷、干燥、烘焙等。

夹碳布做成的空气净化器滤芯

活性炭纤维及制品

活性炭纤维（Activated Carbon Fiber，ACF）是活性炭技术近年来的新拓展，于20世纪70年代开发出来，是随着活性炭工业和碳纤维工业发展而来，被认为是在粉状和颗粒状后的第三代活性炭材料。活性炭纤维是将含碳纤维经过高温活化而形成的多孔碳纤维材料，常用的纤维有天然纤维，如棉花、麻、果壳纤维等，以及合成纤维如酚醛基纤维、尼龙纤维、丙烯腈纤维、沥青基纤维等。活性炭纤维相对于活性炭颗粒具有如下突出优势：一是微孔结构发达，尤其是微孔大多可以达到0.8 nm以下，这和很多吸附分子的直径相当，这样相对孔壁的势场就会相互叠加，从而增强气体与固体之间的吸附作用，提高吸附能力；二是吸脱附速率大，纤维直径小，且开口于表面，气体不需要经过大孔过渡孔，可以直接进入到微孔，吸脱附速率大为提高；三是强度比活性炭粉要高，结构更加稳定；四是其重量极轻，方便二次加工和使用。近年来，活性炭纤维在气体（尤其是挥发性有机气体）净化、水体净化和催化剂载体方面有重要应用。

活性炭纤维毡和编织物

活性炭的用途

活性炭由于其巨大的比表面积和优良的吸附性能，广泛应用于化工、环保、食品与制药和电极材料等领域。例如，利用活性炭巨大的比表面积与超强的吸附性能，可以迅速富集水体和空气中的有害成分而达到净化效果；如新装修房子或者新购买汽车后，人们都喜欢购买一些活性炭以去除甲醛和挥发性有机物（VOC）的味道；在冰箱中也可放置一些活性炭去除异味；亦可以在衣柜中放置活性炭达到一定的防潮效果。再例如，将活性炭作为载体担载一些活性组分构筑成催化剂，在化工生产、工业废气治理方面都有重要应用。那么活性炭有哪些重要的应用领域呢？

活性炭净水

活性炭净水历史可以追溯到20世纪30年代，当时美国芝加哥自来水厂发生了自来水恶臭事故，德国等地的自来水厂也发生了类似的事故，这是由于消毒用的氯和原水中的苯酚反应所致，后来使用活性炭解决了这一问题；于是数以百计的自来水厂都采用了活性炭来除臭，这也开启了活性炭在环保领域应用的新篇章。

现代生活都采用了水管供水，尤其是城市，虽然经过自来水厂的净化处理都达到了较高的标准，但是随着人们对生活品质要求的提高，越来越多的家庭选择在进入家庭的自来水管道安装活性炭过滤器，进一步过滤市政自来水而获取更加健康和安全的饮用水。活性炭通过物理吸附和化学吸附双重作用，将自来水中的余氯小分子有机物、重金属离子、胶体及色素等吸附去除，从而净化水体、提高出水水质。常用的水体净化活性炭主要有粉末活性炭、颗粒活性炭、活性炭纤维毡和烧结活性

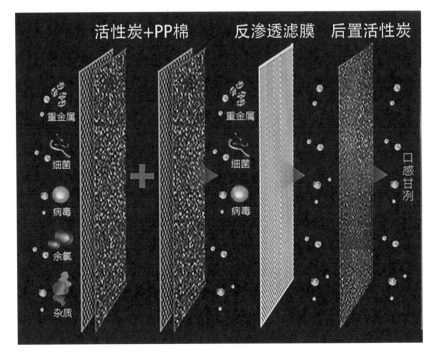

活性炭净水过程示意图

炭等。其中，颗粒活性炭最为常用，经济实惠；更为高效的是活性炭纤维毡，通常以黏胶基纤维长丝和聚丙烯腈基纤维为原料制成，具有比表面积大（$1\,000 \sim 1\,600\ \mathrm{m^2/g}$）、吸附容量高、吸附速度快等优点，但是价格也较贵。当然，随着科技的进步，活性炭往往和多种净化材料组合起来使用，达到深度净化和增加有益成分的作用。值得注意的是，不管是哪种活性炭，根据其吸附原理，它吸附到一定程度后逐渐吸附饱和，将失去净水功能，因此应根据使用说明及时更换滤芯。

活性炭空气净化

随着社会经济发展，人民生活水平逐步提高，工业废气排放的总量也逐年上升，空气污染问题日益突出。例如，自2012年以来在我们国家多个地区出现了较大面积、持续性的雾霾，影响了人们的生活环境和身体健康。研究表明，挥发性有机物（VOC）是造成雾霾的重要组分之一，其来源有油气的储运销、化石燃料的不完全燃烧、塑料橡胶等化工生产、喷涂印染、电子电器等使用到溶剂的行业，等等。

吸附富集是净化 VOC 气体的有效途径，而活性炭是最为重要的吸附剂之一，其原理也是利用活性炭的大表面和超强吸附能力，将废气中低浓度的 VOC 气体吸附富集在表面，从而达到将 VOC 气体从废气中分离的效果。由于工业废气成分往往较为复杂，常常需要通过表面改性来获得特殊的吸附效果，例如，在活性炭中添加酸性物质提高对含氮碱性气体的吸附能力，通过添加碱提高对酸性气体的吸附能力，通过添加胺或氨类物质提高对醛类物质的吸附能力，通过添加氧化性物质提高对中性物质的吸附能力。吸附在活性炭上的 VOC 气体根据气体的成分，具有回收价值的可以通过脱附冷凝后回收，而不具有回收价值的则通过后续的催化氧化进一步分解成 H_2O 和 CO_2 等无害气体排放。

此外，随着空气质量问题的日益突出，开窗换气早已达不到预期效果，还可能会"引霾入室"，室内空气净化因而得到了

活性炭吸附塔

越来越多的关注。有研究表明，化学性污染物是我国室内空气污染的主要组分之一，特别是甲醛以及 VOC 和半挥发性有机化合物（SVOC）污染严重，其主要来源是室内装饰装修材料和家具等。空气净化器是净化室内空气的重要途径之一。目前，市场上绝大多数空气净化器都用到了活性炭，其主要功效是吸附甲醛和 TVOC 等有机物。空气净化器使用活性炭可做成很多种形式，常见的有颗粒状活性炭，被填放在蜂窝状孔洞结构中，这里要尽可能做到吸附效果和阻力的平衡。常见的空气净化活性炭有椰壳活性炭和煤质活性炭，椰壳活性炭孔径较小，有利于吸附小分子，煤质活性炭相对来说具有较多的过渡孔，吸附效果也略差，但可以通过表面改性及催化剂的添载来强化其功能。

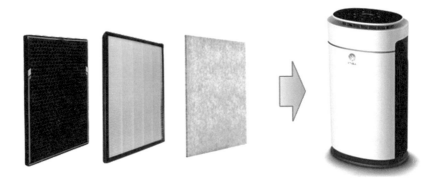

空气净化器及活性炭层的设置

此外，作为空气净化的一个特殊用途，活性炭可在军事上用作防毒面具的内置材料。早在第一次世界大战期间，氢氰酸（剧毒化学物质）作为一种化学武器使用，J. C. Whetzel 和 E. W. Fuller 在活性炭上浸渍铜，发现其抗氢氰酸能力大为提高，后来，据此制备的防毒面具就以他们两人的名字命名为 A 型惠特莱特（Whetleriter）炭。在第二次世界大战期间又发展了浸渍铜、银的 AS 型惠特莱特炭以应对小分子量的 AsH_3 毒剂。活性炭在军事上的用途至今还在研究与发展中，究其原理，除了传统的吸附功能外，这些活性炭被赋予了更多的氧化、还原、分解、络合等功能，从而应对不同类型的毒气；其发展趋势是体积越来越小，重量越来越轻，效果越来越好。

催化剂载体

防毒面具

根据国际纯粹化学与应用化学联合会（IUPAC）1981 年的定义：催化剂是一种改变反应速率但不改变反应总标准吉布斯自由能的物质，催化剂自身的质量和化学性质在化学反应前后都没有发生改变。据统计，约有 90% 以上的工业过程中使用催化剂。催化剂通常包含主要的载体、活性组分和助剂，其中活性组分和助剂分散在载体表面。活性炭作为催化剂载体有诸多优势：一是空隙结构和大表面为反应物提供了大的反应场所；二是活性炭巨大的比表面积可为活性物质和助剂提供大的分散场地，有利于活性物种和活性炭表面的结合，固定活性组分；三是活性炭可在一定程度上改变活性物质的电子分布，有利于化学反应过程中电子转移等，从而提高催化效果；四是活性炭具有丰富的表面官能团，而且通过表面改性可以获得特定的性质，从而促进催化反应的发生；五是活性炭的孔结构可调控，孔道的大小对于特定的化学反应有利，可以实现择形催化。

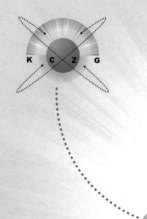

多功能分子筛

分子筛的定义和分类

　　"分子筛"的概念最早由麦克贝恩（McBain）于1932年提出，意思是可以在分子水平上筛分物质的多孔材料。从狭义上讲，分子筛是指结晶态的硅酸盐或者硅铝酸盐，由硅氧四面体或者铝氧四面体通过氧桥键相连而形成的具有规则孔道结构的无机晶体材料。从广义上讲，分子筛是指结构中有规整而均匀的孔道，孔径为分子大小的数量级，它只能够允许直径比它孔径小的分子进入，从而可将分子按照大小进行筛分的多孔材料。另外，分子筛还常常被称为"沸石"（zeolite），得名于天然硅铝酸盐矿石在灼烧时会产生沸腾现象，由瑞典的矿物学家克朗斯提（Cronstedt）于1756年最早发现并命名为"沸石"（瑞典文 zeolit），在希腊文中意为"沸腾"（zeo）的"石头"（lithos）。沸石的发现早于分子筛概念的提出，是分子筛中最具代表性的一种，因此"沸石"和"分子筛"这两个词经常混用。

　　沸石按其来源来分类，可分为天然沸石和合成沸石两种。其中，天然沸石大部分由火山凝灰岩和凝灰质沉积岩在海相或湖相环境中发生反应而形成。目前已经发现有1 000多种沸石矿，其中较为重要的有35种，包括斜发沸石、丝光沸石、毛沸石和菱沸石等。天然沸石主要分布于美国、日本、法国等国家，我国也发现有大量丝光沸石和斜发沸石矿床。人工合成的分子筛可以根据其骨架来分类，通常可分为硅铝类分子筛、磷铝类分子筛和骨架杂原子分子筛等，其骨架主要为硅

常见分子筛

酸盐、硅铝酸盐及磷铝酸盐，因此，骨架元素主要为硅、铝、磷和氧，也可以由 B、Ga、Fe、Cr、Ge、Ti、V、Mn、Co、Zn、Be和 Cu 等取代。其中常见的硅铝类分子筛按硅铝比可分为 A 型、X型、Y 型等，A 型分子筛的硅铝比接近 1∶1，X 型分子筛的硅铝摩尔比在 2.2～3.0，而 Y 型分子筛中的硅铝摩尔比大于 3.0。分子筛还可按照其孔道大小来划分，可分为微孔、介孔和大孔分子筛，对应的孔道尺寸分别为小于 2 nm、2～50 nm、大于 50 nm。

分子筛的结构组成

分子筛的结构一般有硅氧四面体与铝氧四面体构成骨架，相邻四面体由氧桥连接成环（有 4，5，6，8，10，12 元环等），氧

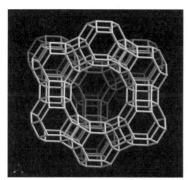

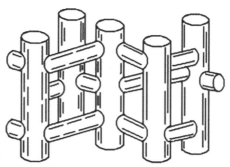

分子筛的晶穴结构示意图

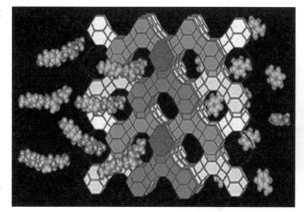

分子筛的孔道结构及筛分性能示意图

环再通过氧桥相互连接，形成具有三维结构的多面体（如 α、β、γ、立方体笼和八面沸石笼等），最后不同结构的笼再通过氧桥相互连接成不同结构的分子筛。根据沸石分子筛的三维空间结构，一般可分为三个不同的层次。

初级结构单元

沸石型分子筛、磷酸铝分子筛以及许多含杂原子的分子筛，它们的一级结构单元均是 TO_4 四面体结构，如 SiO_4、AlO_4、PO_4、MeO_4 等四面体，因此分子筛可以说是由 TO_4 四面体为基础组成的孔道结构晶体；它是分子筛的最基本单元，即初级结构单元，它们之间通过共享顶点形成三维四连结骨架，在少数情况下，Si、Al 和 P 可能被 B、Be 和 Ga 等原子代替。

TO_4 四面体只能通过共享氧原子相连，而不能通过共享四面体的"边"或"面"相连。铝氧四面体之间不能相连，其间至少有一个硅氧四面体；而硅氧四面体可以直接相连，这就是分子筛结构所遵循的 Lowenstein 规则。铝原子可以通过置换硅氧四面体中的硅，构成铝氧四面体，但铝原子是三价的，所以在铝氧四面体中，有一个氧原子的电价没有得到中和，使整个铝氧四面体带负电，为了保持电荷不平衡，必须有带正电的离子来抵消，一般是由碱金属和碱土金属离子 Na、Ca 及 Sr、Ba、K、Mg 等金属离子来补偿。阳离子的数目和位置是人们关注的问题，目前认为这些阳离子在沸石的纳米孔道中的等价位置上跳跃，因此通常被认为是"无序"的，吸附的水分子位于孔道中。

次级结构单元

分子筛的骨架由有限的成分单元和呈链或层状的无限成分单元构成。对于有限的成分单元，Meier 等人引入了次级结构单元

（SUB）这一概念。次级结构单元是指由初级结构单元四面体通过共享氧原子，并按样式繁多的连接方式组成多元环或笼。在四面体的骨架中已发现有 18 种次级结构单元。

笼形结构单元

分子筛的骨架由一些特征笼形结构构成。由不同的次级结构单元，按不同的连结方式构成笼形结构单元，笼形结构单元是根据确定它们多面体的 n 元环来描述的。相同的笼形结构单元普遍存在于不同的分子筛骨架中，也就是说，同一笼形结构单元由于连接方式不同会形成不同的骨架结构类型。组成沸石的笼主要有 α 笼、β 笼、γ 笼、立方体笼和八面沸石笼等，β 笼是构成方钠石的唯一笼结构，它是构成许多沸石的基本笼结构；α 笼是由 β 笼和四元环构成的，它的组合方式是将 β 笼放在立方体的顶点上，以四元环通过立方体连接而成。

A 型分子筛类似于 NaCl 的立方晶系结构。在 NaCl 晶体中，Na^+ 和 Cl^- 离子紧密排布组成一个立方结构，而 A 型分子筛的晶体结构和这个结构类似，把其中的 Na^+ 和 Cl^- 全部换成 β 笼，并将相邻的 β 笼用 γ 笼连结起来就得到 A 型分子筛的晶体结构。A 型分子筛的晶体结构的中心有一个大的 α 的笼，α 笼之间通道有一个八元环窗口，其直径为 4Å，故称为 4A 分子筛；若 4A 分子筛上 70% 的 Na^+ 为 Ca^{2+} 交换，八元环可增至 5Å，则称为 5A 分子筛；反之，若 70% 的 Na^+ 为 K^+ 交换，八元环孔径缩小到 3Å，则称为 3A 分子筛。X 型和 Y 型分子筛类似金刚石的密堆六方晶系结构。将金刚石的碳原子结点以 β 笼的结构单元取代，且用六方柱笼将相邻的两个 β 笼连结，即用 4 个六方柱笼将 5 个 β 笼连结一起，其中一个 β 笼居中心，其余 4 个 β 笼位于正四面体顶点，用这种结构继续连结下去，就得到 X 型和 Y 型分子筛结构。在这种结构中，由 β 笼和六方柱笼形成的大笼为八面沸石笼，它们相通的窗孔为十二元环，其平均有效孔径为

0.74 nm，这就是 X 型和 Y 型分子筛的孔径。

分子筛的制备方法

分子筛的制备方法主要有水热合成法、水热转化法和离子交换法等。水热合成法主要用于制备纯度较高的产品，以及合成自然界不存在的分子筛，其过程是将含硅化合物（水玻璃和硅溶胶等）和含铝化合物（氧化铝和铝盐等），以及碱（氢氧化钠和氢氧化钾等）和水等按照适当比例混合，在高压釜中一定温度下加热一段时间，即得到分子筛晶体。水热转化法和水热法的不同之处在于所用的原料，主要为固态铝硅酸盐原如高岭土、膨润土、硅藻土等，或者合成的硅铝凝胶颗粒等，在过量碱存在下水热转化得到分子筛晶体，其具有成本低的优点，但是产品纯度不及水热合成法。离子交换法通常是指在水溶液中将 Na^- 分子筛转变为含有所需阳离子（例如 Ca^{2+}、Mg^{2+}、Zn^{2+} 等）的分子筛，所用的原料通常为氯化物、硫酸盐、硝酸盐等；不同性质的阳离子交换到分子筛上的难易程度不同，因此常用交换度、交换容量和交换效率来表示交换结果。交换度是指交换下来的 Na^+ 量占分子筛中原有 Na^+ 的百分比；交换容量是指每 100 g 分子筛中交换的阳离子毫克当量数；交换效率表示溶液中阳离子交换到分子筛上的质量百分数。为了制取合适的分子筛催化剂，有时还需要将交换所得产物与其他组分调配，这些组分可能是其他催化活性组分、助催化剂、稀释剂或黏合剂等，调配好的物料经成型后进行催化剂的活化才可以使用。

分子筛可以借助水热合成等合成路线，晶化出为数繁多的具有特定骨架、组分元素与孔道结构的微孔化合物。其中除去部分硅铝酸盐（沸石型）之外，大部分微孔化合物的骨架结构中往往存在用作结构导向剂或模板剂的有机分子、金属配合物等客体分子。由于这些客体分子与分子筛骨架间往往形成氢键、范德华力以及在某些情况下有配位键存在。因而如何将带有客体分子的微孔化合物脱去模板剂，制备成结构稳定、孔道畅通且有特定表面性质的分子筛是扩展分子筛类型及相关催化材料的关键问题。

此外，分子筛的修饰与改性主要依靠分子筛的"二次合成"以改善与提高下列性质、功能的要求为目的：（1）分子筛的酸性与选择性，酸强度与浓度及其分布；（2）分子筛的热稳定性与水热稳定性；（3）分子筛的其他催化性能，如氧化还原催化性能，配位催化性能和寿命；（4）分子筛的扩散与吸附性能；（5）分子筛的离子交换性能等。重建与修饰分子筛的孔道结构、分子筛的表面性能与结构，精细调变微孔骨架（孔道、窗口、组分等）与抗衡离子的组成与结构，选择合适方法与条件，进行分子筛的改性、功能化，以达到无法用直接一次合成得到的结果。

如 L 型沸石分子筛（国际沸石协会代码：LTL）是 1965 年 Union Carbide Corporation 研制开发的一种人工合成的沸石，迄今尚未在自然界中发现等同体。L 型沸石分子筛是由交替的六方柱笼与钙霞石笼在 c-轴方向上堆积而成，再按六重轴旋转产生十二环孔道，具有一维孔道结构，孔径为 0.71 nm 的大微孔分子筛，也是迄今为止唯一的人工合成长度分布在 30～15 000 nm 之间的沸石分子筛。通过调节 L 型沸石的径高比，可以使它的形貌分布从长形圆柱状到圆盘状。通过对此类分子筛进行改性、功能化，利用其作为主体基质将稀土配合物组装到分子筛的纳米孔道

不同放大倍率下的圆柱状 L 型沸石分子筛（SEM）

中，且不影响分子筛的主体形貌。

　　20世纪40年代末，R. M. Barrer等化学家首次合成出沸石分子筛，他们利用低温水热合成法，模拟天然沸石的生长环境（碱和硅酸盐的水溶液）。1958年，沸石化学家们利用不同的混合碱和硅铝酸盐的体系，合成了A、X、Y等不同种类的沸石分子筛。20世纪60年代初，在水热合成的体系中有机碱（有机胺及季胺盐类作为模板剂）部分或全部替代无机碱，合成出了一批富硅沸石分子筛。20世纪70年代，具有较高的硅铝比、空旷的骨架结构、稳定的化学性质、较高的热稳定性的ZSM系列沸石被合成出来。20世纪80年代，美国联合碳化物公司成功合成出磷酸铝分子筛 $AlPO_4-n$（n为编号），这个全新的分子筛家族的出现，突破了人们的传统观念——分子筛只能由硅氧四面体和铝氧四面体

不同放大倍率下的稀土配合物功能化的分子筛

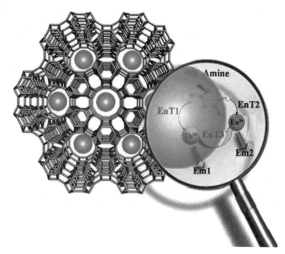

稀土配合物功能化的分子筛孔道中稀土配合物的能量传递过程

构成。20世纪90年代，被称为第四代分子筛的介孔材料的出现为分子筛的合成开辟了新天地。

分子筛的应用

分子筛因有小的外表面积（约为总表面积的1%），高热稳定性好，脱水后具有很高的内表面积（600～1 000 m²/g）、空旷的骨架结构（孔空体积占总体积28%～35%），可容纳相当数量的吸附质分子，内晶表面高度极化，晶穴内静电场强大，微孔分布单一均匀。分子筛的应用领域主要包括：（1）作为吸附材料用于分离、净化干燥等领域；（2）作为催化材料用于需要工业催化过程的石油化工、加工等领域；（3）作为离子交换材料用于需要进行废料、废液处理的领域。目前分子筛主要用于各种气体、液体的深度干燥，气体、液体的分离和提纯，催化剂载体等，广泛应用于炼油、石油化工、化学工业、冶金、电子、国防工业等，同时在医药、轻工、农业、环保等诸多方面也日益广泛地得到应用。

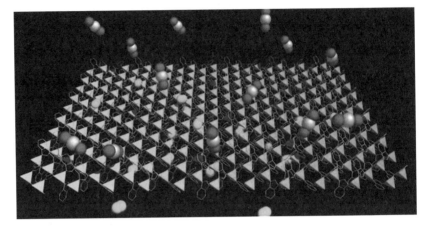

分子筛用于氢气和二氧化碳的快速筛分

分子筛的高效吸附特性

分子筛对于极性高的分子如 H_2O、NH_3、H_2S、CO_2 等具有很强的亲和力，特别是对于水，在低分压或低浓度、高温等十分苛刻的条件下仍有较高的吸附容量。具体来说：

（1）低分压下的吸附：相对湿度越高意味着水的分压越高，大多数材料在高相对湿度下吸附量大，但吸附量低的时候表现就不行了；当相对湿度降低到约 30% 时，分子筛的吸水量比硅胶、活性氧化铝都高，分子筛的这一优越性随着相对湿度的降低会越发显著。

（2）高温吸附：在较高的温度下，很多吸附材料保持不住吸附的水分，丧失了吸附能力，而分子筛则能吸附相当数量的水分；如在 100℃和 1.3% 相对湿度时分子筛可吸附 15% 重量的水分，比相同条件下活性氧化铝的吸水量大 10 倍，比硅胶大 20 倍以上。

（3）高速吸附：分子筛对水等极性分子在分压或浓度很低时的吸附速率要远远超过硅胶、活性氧化铝，虽然在相对湿度很高时，硅胶的平衡吸水量要高于分子筛，但随着吸附质线速度的提高，硅胶的吸水率越来越不如分子筛效率高。

分子筛的择形催化性能

通过前面的介绍我们知道分子筛具有明确的孔腔分布，其显著特点是具有和分子相当的孔径，从而可以起到筛分分子的作用，将这一特性应用到催化反应中，即可通过反应物和产物的分子尺寸与分子筛的孔径结构相对大小来影响催化反应过程，实现提高催化反应选择性的效果，即称之为择形催化。如当反应混合物中某些能反应的分子因太大而不能扩散进入催化剂孔腔内，只有那些直径小于内孔径的分子才能进入内孔在催化活性部分进行反应，这就是反应物的择形催化；再例如当产物混合物中某些分子太大，难以从分子筛催化剂的内孔窗口扩散出来，就形成了产物的择形选择性。

一般来说，导致选择性择形催化的机理有两种：一种是由孔腔中参与反应的分子的扩散系数差别引起的，称为交通控制择形催化：在具有两种不同形状和大小的孔道分子筛中，反应物分子可以很容易地通过一种孔道进入催化剂的活性部位，进行催化反应，而产物分子则从另一孔道扩散出去，尽可能地减少逆扩散，从而增加反应速率，这种分子交通控制的催化反应称为分子交通控制择形催化。另一种是由催化反应过渡态空间限制引起的，称为过渡态选择性：有些反应，其反应物分子和产物分子都不受催化剂窗口孔径扩散的限制，只是由于需要内孔或笼腔有较大的空间，才能形成相应的过渡态，不然就会受到限制，使该反应无法进行；相反，有些反应只需要较小空间的过渡态就不受这种限制，这就构成了限制过渡态的择形催化。

介孔分子筛

介孔分子筛是指以孔径在 2 ~ 50 nm、孔分布窄且具有规则孔道结构的无机多孔分子筛材料，它通常以表面活性剂为模板

剂，利用溶胶—凝胶、乳化或微乳化等化学过程，通过有机物和无机物之间的界面作用组装生成。介孔分子筛最早由美国 Mobil 公司的研究人员于 1992 年合成，他们突破传统微孔沸石分子筛合成过程中单个溶剂化的分子或离子起模板作用的原理，首次利用阳离子型烷基季铵盐表面活性剂作为模板剂合成了有序介孔分子筛系列 M41S，突破了以往分子筛如 TS-1（MFI 型）、VIPI-5 等微孔晶体孔径的界限，成为分子筛合成由微孔向介孔飞跃的重要里程碑。应用广泛的 MCM-41 就是 M41S 族中的典型代表，其孔道一维均匀，呈六方有序排列，同时具有很大的比表面积（＞700 m^2/g）和孔体积（＞0.7 cm^3/g）。

介孔分子筛的结构和性能介于无定形无机多孔材料（如无定形硅铝酸盐）和具有晶体结构的无机多孔材料（如沸石分子筛）之间。介孔分子筛具有能允许分子进入的更大内表面和空穴，使处理大的分子或基团和进行生物有机化学模拟等成为可能，并在催化、电子、光学等方面有着巨大的应用前景，引起了科学家们的极大兴趣，从而掀起了对介孔分子筛的研究热潮。

总之，分子筛与多孔材料的研究经历了从天然沸石到人工合成沸石，从硅铝分子筛到磷酸铝分子筛，从微孔分子筛与介孔分子筛，从超大微孔到大孔分子筛等阶段；不仅在传统的吸附、催化等领域起着巨大的作用，同时在一些高新技术先进材料应用领域如生物医药等方面也有着广阔与诱人的前景。我们相信，随着技术的不断进步，人们可根据实际需要设计并合成出越来越多性能优异的分子筛材料，在不同领域发挥它们的重要作用。

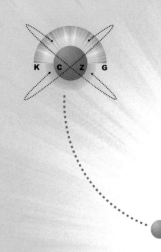

介孔碳材料

什么是介孔碳材料

介孔材料是在传统的具有微孔结构的沸石分子筛基础上发展起来的，1992 年 Mobil 公司的科学家首次报道具有均匀孔道、孔径可调的有序二氧化硅介孔材料（发表在《自然》杂志），将分子筛的规则孔径从微孔范围拓展至介孔领域，从而大幅拓展了其应用范围。之后在介孔二氧化硅基础上又发展了介孔碳材料。介孔碳材料是指孔径在 $2 \sim 50$ nm 之间的一种新型多孔碳材料，它具有高比表面积（高达 $2\,500$ m^2/g）和大孔体积（高达 2.25 cm^3/g），与其他多孔材料相比，不仅孔径适中，还具有良好的化学稳定性，较大的壁厚，较高的机械强度和良好的导电性能，在吸附、催化、能量储存和转化、储氢以及纳米电子器件等领域具有巨大的应用前景。因此，介孔碳材料自被发现以来就受到国际学术界和工业界的广泛关注，得到了迅速发展，已成为先进功能材料研究的一个热点。

介孔碳材料的种类和结构

按照介孔是否有序，介孔碳材料分为无序介孔碳材料和有序介孔碳材料，其主要区别在于内部的孔道结构和排列是否有序。无序介孔碳材料中的孔洞形状相对比较复杂，孔洞不规整且互为连通，其孔型类似于墨水瓶形状，墨水瓶的瓶口细颈则类似于介孔之间的通道。而有序介孔碳材料的孔型可分柱形孔、层状孔和三维多面体孔三种，它们是由制备时所采用的模板剂的结构决定的。有序介孔碳材料是以高分子量的表面活性剂为模板剂，以聚合物预聚体（如酚醛树脂预聚物）为碳源，通过碳源与由模板剂所形成的胶束以某种协同作用或自组装方式，形成由碳源聚集体包覆在每个胶束表面的规则有序的组装体系，通过进一步聚合反应，再经高温碳化、煅烧或萃取方式除去表面活性剂模板后，保留了其碳骨架而形成孔径在 2 ～ 50 nm 的有序介孔碳材料。有序介孔碳表现出介观尺寸结构有序、孔径分布狭窄、孔洞大小可控、比表面积大、孔隙率高且孔道有序、表面富含不饱和基团的特点，还具有很好的热稳定性和水热稳定性。有序介孔碳的这些特性使其具有广阔的应用前景。

介孔碳材料的合成方法

介孔碳材料的合成策略主要是基于利用某种方法在材料结构的限域空间中，创建合适介孔尺寸的孔道。模板法是合成介孔碳材料的最常用且有效的方法，它以具有特殊孔道结构的物质作为模板，或者以纳米粒子为模板，或者利用表面活性剂所形成的胶束作为模板，通过在模板孔道内引入碳源，或者将模板剂均匀包裹在碳源中，然后使其进一步发生聚合反应而形成模板与碳源聚合物的复合体，将该复合体进行高温碳化、去除模板达到创建介孔的目的，从而合成出具有预期孔结构的介孔碳材料。模板法通常又可分为硬模板法、软模板法和软硬模板法。

硬模板法

硬模板法利用具有介孔尺寸孔道结构的固体物质作为造孔模板剂，将碳源注入模板的孔道中，或者将粒径为 2 ～ 50 nm 的纳米微粒作为造孔模板剂，包裹在碳源基质中，使碳源发生聚合反应，然后将其在高温下进行碳化，再通过去除模板的方法复制合成有序介孔碳材料。按照生成硬模板和碳源浇注时间顺序分一步法和两步法，其中的两步法是合成介孔碳的常用方法，首先是硬模板的合成，接着是将碳源注入模板中，再合成介孔碳。以有序

介孔碳的合成为例，其合成过程首先是有序介孔 SiO_2 硬模板的制备；然后是有序介孔 SiO_2/ 碳源复合物的制备，通过聚合—高温碳化—去模板过程合成有序介孔碳。例如，Lee 等先制备有序介孔二氧化硅 MCM-48，再将其作为硬模板，在酸性条件下将蔗糖（或葡萄糖）"灌入"其孔道中，经高温碳化和 NaOH 刻蚀去除模板后合成出有序介孔碳材料，这种合成方法又称为纳米浇注法。而一步法是通过商业化溶胶纳米微粒作为硬模板，将其与碳源前驱体溶液直接混合，使碳源聚合物包覆在纳米微粒外表面，经碳化和去除模板合成出介孔碳材料。例如，同济大学胶体与界面化学课题组研究人员在水—乙醇混合溶剂中先加入间苯二酚（R），然后将硅溶胶（其中的氧化硅纳米粒子的粒径为 $10 \sim 15$ nm）与其混合均匀，接着加入甲醛（F）水溶液，以氨水为催化剂，经过 100℃静置水热反应 24 h，得到二氧化硅纳米粒子被均匀包覆在酚醛树脂中的 SiO_2/RF 聚合物微球。将干燥后的 SiO_2/RF 聚合物微球装入管式炉中，以 3℃ /min 的升温速率从室温升高到 850℃，在氮气保护下碳化 2 h，得到 SiO_2/C 复合微球；将碳化后得到的 SiO_2/C 复合微球浸泡在 3 mol/L 的 NaOH 溶液中除去 SiO_2 模板，即得到介孔碳微球。

二步硬模板法合成路线是选择具有固定介孔结构的固体为合成模板，所得介孔碳材料完全复制了硬模板的相应结构，因而得

有序介孔固体模板法合成有序介孔碳（二步法）

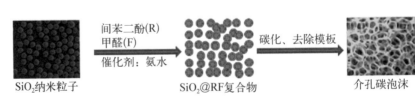

纳米胶体晶模板法合成介孔碳（一步法）

到的介孔材料多为反相结构。这种方法具有普适性强的优点，非常适用于利用软模板法难以合成的介孔材料，如金属、金属氧化物、碳化物、氮化物等介孔材料，但其合成过程相当烦琐。

同济大学界面化学与能源材料课题组研究人员还通过一锅水热法合成出孔道大小可调控的介孔碳微球。在乙醇—水—氨水混合溶剂体系中，通过控制正硅酸乙酯（TEOS）的浓度及其水解—缩聚反应时间，得到不同粒径的 SiO_2 纳米粒子分散液（A）；将溶解在混合溶剂的苯二酚和甲醛溶液（B）加入到 SiO_2 纳米粒子分散液（A）中，通过室温下的溶胶—凝胶过程和 100℃ 水热聚合反应制得 SiO_2/RF 聚合物微球，将其在 N_2 气氛中进行高温碳化得到 SiO_2/C 微球；经 NaOH 蚀刻去除 SiO_2 模板，合成出球径约 500 nm 的孔道大小可控的介孔碳材料。

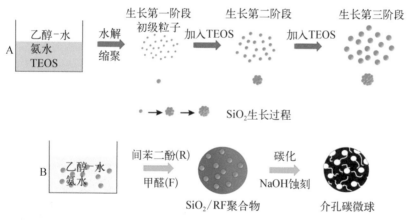

不同粒径的 SiO_2 纳米粒子的制备和介孔碳微球的合成过程示意图

软模板法

软模板法也称为有机—有机自组装法，它是以由表面活性剂形成的超分子聚集体为模板剂，模板剂与碳源前驱体之间通过非共价相互作用（如氢键作用、π 共轭效应和疏水效应）自组装形成具有有序结构的超分子聚集体 / 碳源聚合物的复合物，在复合

物的碳化过程中作为模板剂的超分子聚集体发生分解而脱除，进而合成出有序介孔碳的方法。软模板法基于液晶模板机理，通过调节表面活性剂亲水基团的化学组成，使其与碳源前驱体之间相匹配，以利于模板剂与碳源前驱体之间的自组装，进而达到合成有序介孔碳材料的目的。有序介孔碳的软模板法合成过程一般包括可聚合的高分子碳源前驱体在一定条件下混合形成的可溶性低聚物，在乙醇—水混合稀溶液体系中，使前驱体低聚物发生进一步缩聚形成聚合物，同时与表面活性剂（如三嵌段共聚物P123）形成的胶束模板发生自组装形成有序的介观结构；将聚合物在惰性气体中进行碳化，嵌段共聚物模板在碳化过程中发生热分解逸出后产生有序的介孔孔道，而聚合物碳化后形成了介孔的孔壁，从而合成出有序介孔碳材料。相对来说，软模板法的合成工艺更加简单且易于控制，通过模板剂的种类和反应物配比等反应条件的控制，可以达到对所得有序介孔碳的孔结构和孔道尺寸的有效调控。复旦大学赵东元院士课题组开发出有序介孔碳的有机—有机自组装合成方法，即利用三嵌段聚合物P123形成的胶束为模板，以酚醛树脂预聚物为碳源，通过酚醛树脂预聚物与胶束之间的自组装和进一步聚合反应，形成胶束与酚醛树脂复合体，该复合体经高温碳化（碳化过程中P123因受热分解而被去除），合成出介孔酚醛树脂和有序介孔碳材料FDU-14。

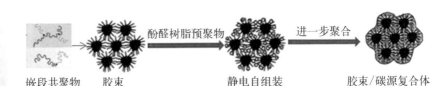

自组装法合成有序介孔碳的过程示意图

软—硬模板法

将硬模板法和软模板法相结合还可以合成出具有独特结构的介孔碳。同济大学胶体与界面化学课题组采用溶剂蒸发自组装的

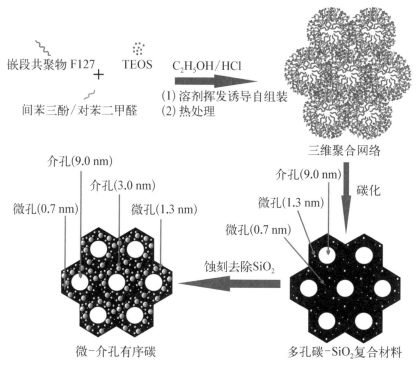

双峰互联介孔碳的合成过程示意图

方法，通过控制三嵌段共聚物 F127（软模板）、正硅酸乙酯（硬模板）和间苯三酚—对苯二甲醛三组分体系中对苯二甲醛和间苯三酚的摩尔比，去除碳—硅复合物中的二氧化硅，成功地合成了富含微孔的双峰互联介孔碳。制备过程如下：在室温搅拌下使三组分体系发生自组装，将组装得到的乳液在室温下蒸发掉过量的乙醇溶剂，即得到一层自组装薄膜。该自组装薄膜于 $100\,℃$ 下热聚合 24 h 后，在氮气气氛条件下进行碳化，用 10% 的氢氟酸溶液中除去二氧化硅模板，合成出富含微孔的双峰互联介孔碳。该有序介孔碳不仅具有高比表面积（1 985 m^2/g）和大孔体积（2.3 cm^3/g），同时具有 3.0 nm 和 9.0 nm 左右的双峰互联的介孔碳，其介孔孔壁上还具有 0.7 nm 和 1.3 nm 左右的微孔。研究结果还表明，这种双峰介孔对双酚 A（BPA）的扩散和高吸附容量起着关键作用。

小贴士

表面活性剂与胶束

我们在日常生活中发现，有些物质的溶液在浓度很低时就能显著地改变溶剂的表面性质，例如，把少量的肥皂加入到水中时就能将水的表面张力降低很多，我们把在浓度很低时就能显著地降低溶液表面张力的物质叫作表面活性剂。表面活性剂分子是由亲水性的极性基团（X，如—OH、—COOH、—SO_3H，NH_2—等）和具有憎水性（即亲油性）的非极性基团（R，如烷基、芳基等）所组成的两亲分子（有机化合物）。溶于水后会发生电离，形成正、负离子的表面活性剂叫作离子型表面活性剂，在水溶液中不产生离子（即呈电中性）的表面活性剂叫作非离子型表面活性剂。非离子表面活性剂按亲水基团的不同可分为聚氧乙烯型和多元醇型两类，被广泛应用于纺织、造纸、环保、食品、化妆品、医药和农药等工业。离子型表面活性剂溶于水发生电离，若生成的活性基团带负电，则该表面活性剂为阴离子表面活性剂，如高级脂肪酸盐（R—COO^-M^+）、十二烷基苯磺酸钠（$C_{12}H_{25}$—C_6H_4—SO_3Na）、十二烷基硫酸钠（$C_{12}H_{25}$—SO_4Na），阴离子表面活性剂具有乳化、润湿、分散、渗透、起泡和增溶作用，用于洗涤剂具有良好的去污能力；若生成的活性基团带正电，则该表面活性剂为阳离子表面活性剂，具有实际意义的阳离子表面活性剂通常是含氮表面活性剂，通常又分为烷基铵盐型阳离子表面活性剂（如伯铵盐酸盐、R—NH_2·HCl）和季铵盐型表面活性剂［如十六烷基三甲基溴化铵、CH_3（CH_2）$_{15}$—N（CH_3）$_3$·Br］，阳离子表面活性剂可用作柔软剂、抗静电剂、洗发剂、染色助剂，以及防锈剂和特殊乳化剂等；还有一类表面活性剂称为两性表面活性剂，其活性基团在酸性溶液中呈阳离子性，在碱性溶液中呈阴离子性，而在中性溶液中有类似非离子表面活性剂的性质，两性表面活性剂又分为氨基酸型两性表面活性剂和甜菜碱型两性表面活性剂。两性表面活性剂分子与单一的阴离子型、阳离子型不同，在分子的一端同时存在有酸性基团和碱性基团，酸性基团大多是羧基、磺酸基，碱性基则为胺基或季铵基，两性表面活性剂性温和、刺激性小、杀菌力强，可用于食品工业和乳制品业中，也可用于液体洗涤剂、洗发剂和化妆品。嵌段聚合物 P123 为聚环氧乙烷——聚环氧丙烷——聚环氧乙烷三嵌段共聚物，其结构简式为 PEO——PPO——PEO，它也是一种两亲分子，溶于水中可表现出表面活性剂性质。

将表面活性剂溶于水中，单个的表面活性剂分子完全被水分子包围住，其亲水基团受到水分子的吸引，亲油基团受到水分子排斥而有从水中逃离出来的趋势，此时，表面活性剂分子吸附在溶液表面上，将其亲油基团伸到空气里。当表面活性剂溶液浓度增加至溶液表面达到饱和后，如果溶液浓度继续增加，此时表面活性剂分子中长碳链亲油基团之间便相互吸引缔合在一起，自身相互抱成团，而亲水基团则朝向水中并与水分子结合，这样，表面活性剂分子就形成聚集体，这种表面活性剂聚集体被称为胶团或胶束。在胶束中，表面活性剂分子的亲油尾端聚结于胶束内部，避免与极性水分子接触；而其极性亲水头端则露于外部，这

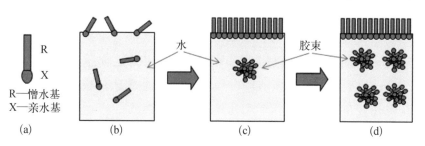

R
X
R—憎水基
X—亲水基
(a)   (b)   水   (c)   胶束   (d)

表面活性剂在水溶液中的聚集状态随溶液浓度变化情况

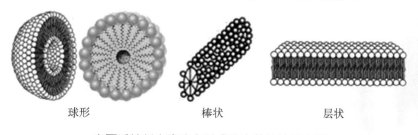

球形   棒状   层状

表面活性剂在溶液中形成胶束的结构示意图

样，胶束就能稳定地分散在水中。

不同表面活性剂在不同浓度时形成的胶束有多种形状，如球形、层状、棒状等，使用这些表面活性剂形成的胶束为模板，可以合成出具有不同孔形和形貌的有序介孔碳材料。

介孔碳材料的表征方法

介孔碳材料的物理和化学性质与其比表面积、孔结构参数、微观形态和表面组成等密切相关，在介孔碳材料的合成及其改性过程中都需要知道其结构和性能的详细信息，达到分析其用途的目的。因此，在介孔碳材料的研究中，对其进行结构分析与性能表征是非常重要的。目前对介孔碳材料的微观结构及宏观结构形态等分析方面的测试技术有气体吸附法、电子显微技术、固体核磁共振、红外光谱、紫外漫反射—可见光谱分析、拉曼光谱及热重分析等多种分析手段。

气体吸附法是表征介孔碳材料最重要的方法之一。通常用于测定介孔碳材料的比表面积、孔体积、孔分布情况。孔结构的类型和相关性质则可以通过吸附—脱附等温线来表征。该方法基于吸附—脱附等温线通过 BET 理论可计算出每克物质所具有表面积，即比表面积；基于吸附—脱附等温线通过 BJH 模型计算可以获得孔分布、孔体积和平均孔径等孔结构参数。

电子显微技术主要包括扫描电子显微技术和透射电子显微技术。扫描电子显微技术借助于扫描电子显微镜对材料的表面形貌和尺寸大小进行表征，扫描得到的图像富有立体感，因此能提供比较全面的样品信息。借助于高倍率、高分辨透射电子显微镜可以观察和分析介孔碳材料的内部形貌、尺寸及晶型结构。

拉曼光谱分析法是一种应用于物质的鉴定和分子结构研究的分析方法。其工作原理是：当用波长比样品粒径小得多的单色光照射样品时，大部分的光按原来的方向透射，只有一小部分则按不同的角度散射开来，产生散射光。在垂直方向观察时，除了与原入射光有相同频率的瑞利散射外，还有一系列对称分布的若干条很弱的与入射光频率发生位移的拉曼谱线，这种现象称为拉曼效应。每种物质都存在自己的特征拉曼光谱，为研究分子结构提供有效信息。在介孔碳材料的拉曼光谱中，在 1 350 cm^{-1} 和 1 580 cm^{-1} 处的特征拉曼峰分别为 D 峰和 G 峰，其中 D 峰表示的是晶粒尺寸微小的无定型碳，G 峰表示的是石墨型碳，D 峰与 G 峰的相对强度 I_D/I_G 表征非石墨化边界的多少，一般来说，I_D/I_G 的比值越小，表示其石墨化程度越高，那么该介孔碳的导电性能也就越好。

X 射线光电子能谱（X-Ray Photoelectron Spectroscopy，XPS）是一种可以对样品中的化学元素进行定量和定性分析的高灵敏超微量表面分析技术。它可以分析除 H 和 He 以外所有的元素，了解某一元素相邻其他元素或官能团对其内壳电子影响所产生的化学位移。XPS 的工作原理是：采用 X 射线辐射出样品中原子或分子的内层电子/价电子，其中被激发出来的电子称为光电子。测量光电子的能量后，以其结合能为横坐标，相对强度为纵坐标作出电子能谱图，从而获得样品的有关信息。采用 XPS 可以分析介孔碳材料表面的元素组成、相对含量及其价态情况。以某一介孔碳样品的 XPS 谱图为例，该介孔碳样品在结合能为 284.6 电子伏特（eV）处出现的特征峰，表明该材料含有碳元素，在 532 eV 处出现的特征峰，表明该材料还含有氧元素。根据结合能的峰面积可以分析元素的相对含量，得到该样品中的碳元素和氧元素的相对原子质量比分别为 95.06 at% 和 4.94 at%。此外，如果对介孔碳进行氮表面功能化，那么其拉曼光谱分析就比较复杂，则需要对拉曼光谱中 N1s 的谱图进行分峰，结果发现，氮功能化介孔碳样品中存在四种类型的含氮基团：吡啶型 N（N-6）、吡咯/吡啶酮型 N（N-5）、四价氮型 N（N-Q）以及吡啶氮的氧化物（N-X），它们的拉曼峰分别位于 398.1 eV、399.5 eV、400.7 eV 和 403.2 eV 处。还可以获取随着碳化温度的升高，N-6 和 N-5

的峰强度逐渐减弱，含氮量明显减少，而N-Q的峰强度却大幅度增加等更多的信息。

电化学表征方法主要是循环伏安法、恒流充放电分析和交流阻抗谱分析。循环伏安法（Cyclic Voltammetry，CV）是最常用的电化学研究方法之一，是指在待测电极上施加一个线性扫描电压，以恒定的变化速度进行扫描，当达到某设定的终止电位时，再反向回归至某一设定的起始电位。其原理是控制电极电势以不同的速率，随时间推移以三角波的形式进行一次或多次反复扫描，并记录电流随时间变化情况，从而得到响应电流与电势变化曲线。通过循环伏安曲线可以计算单电极材料在该扫描速率下的比电容值。在三电极体系中，单电极的比电容 C_m（F/g）的计算公式如下：

$$C_m = \frac{Q}{\Delta E \cdot m}$$

式中，Q 为超级电容器储存的电量（库仑）；ΔE 为循环伏安测试的电势差（V）；m 为单电极中活性物质的质量（g）。

恒流充放电分析（Galvanostatic Charge-Discharge，GCD）也是常用的电化学研究方法之一，是指在电流密度保持不变的条件下，对超级电容器或电极进行充放电，考察其电位随时间而产生变化的规律。通过充放电曲线可以计算超级电容器/电极的比电容、功率密度、能量密度和循环寿命。在三电极体系中，单电极材料的质量比电容计算公式如下：

$$C_m = \frac{C}{m} = \frac{I \cdot t}{\Delta V \cdot m}$$

式中，C_m 为电极的比电容值（F/g）；C 为测量得到的电容量（F）；m 是单片电极中活性物质的质量（g）；I 为充/放电电流（A）；t 为充/放电的时间差（s）；ΔV 为充/放电过程中的电势差（V）。

交流阻抗谱又被称为电化学阻抗谱（Electrochemical Impedance Spectroscopy，EIS），它以不同频率的小幅值正弦波扰动信号作用于电极系统，由电极系统的响应与扰动信号之间的关系得到的电极阻抗，推测电极的等效电路，进而可以分析电极系统所包含的动力学过程及其机理，由等效电路中有关元件的参数值估算电极系统的动力学参数，如电极双电层电容，电荷转移过程的反应电阻、扩散传质过程参数和等效串联电阻（ESR）等，由此判断材料的导电性能以及电解质离子在其中的传输速度。

介孔碳材料的应用

介孔碳材料具有导电性好、来源丰富、价格低廉和制备工艺简单，而且其介孔孔径在 $2 \sim 50$ nm 的范围内连续调节，以及高比表面积、大孔体积和孔道结构式中等特点，使其在催化、吸附与分离、食品与制药、环境与能源等领域具有重要的应用，已成为当前研究的热点之一。

吸附与分离

介孔碳材料由于具有高比表面积、均一可调的介孔孔径和传质通道以及高吸附容量等特性，尤其是介孔碳的比表面积最高可以达到 $2\,500$ m^2/g 以上，也就是说，一粒米大小的介孔碳颗粒中介孔的内表面积相当于一个大客厅内墙面的大小，因此，介孔碳是一种优良的吸附剂。介孔碳作为气相吸附剂，被用来除去臭气，它可以吸附室内可能出现的一氧化碳、甲醛、氨、苯、甲苯/二甲苯以及其他挥发性有机物等污染物，使空气得到净化，改善室内空气质量。介孔碳能够吸附水中有害物质和有害离子，常被用作水的净化剂；它还可以作为性能优良的脱

介孔碳材料在各个领域的应用

色剂，大量应用于制糖、味精提纯、酿酒等食品工业中。与活性炭相比，介孔碳具有较大的孔径，因此它还被用于大分子吸附领域。例如，Hartmafm 等将不同结构性质的介孔碳分子筛 CMK-3 应用于细胞色素 C 的吸附实验，研究结果表明，对细胞色素 C 这一类蛋白质的吸附能力主要取决于介孔碳的孔体积和孔结构状况，拥有较高比表面积和较大介孔孔体积的介孔碳表现出更高的吸附性能。特别值得一提的是，较大孔道的介孔活性炭具有丰富的孔隙，已被广泛用于药用炭片，吸附导致腹泻及腹部不适的多种刺激性物质、肠内异常发酵产生的气体，起止泻的作用，还可在胃肠道内迅速吸附肌酐、尿酸等有毒物质，代替肾脏的解毒功能，已用于治疗尿毒症；还能降低毒性物质在血液中的浓度，延长血液透析的时间间隔，减少血液透析的次数，为患者带来了福音。

同济大学课题组研究人员采用间苯三酚和对苯二甲醛刚性分子为前驱体，通过软硬模板自组装法合成了富含微孔的双峰互联介孔碳（OMMC），所得的 OMMC 具有两种介孔和两种微孔的独特结构，使得 OMMC 具有巨大的比表面积和超高的孔体积。将 OMMC 作为环境吸附剂用于水体中高毒性有机污染物双酚

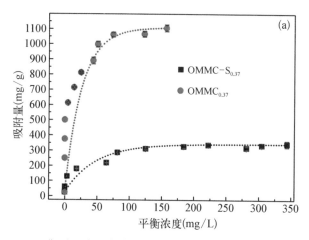

典型双峰互联介孔碳样品的孔径分布曲线

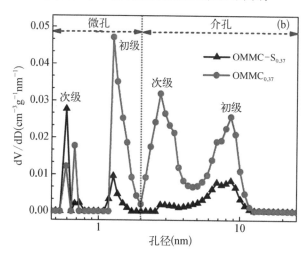

双峰互联介孔碳 OMMC 和单峰介孔碳 OMMC-S 对
BPA 的吸附容量与平衡浓度关系曲线

A（BPA）去除时，制得的双峰互联介孔碳和单峰介孔碳分别对
BPA 的吸附容量与平衡浓度关系的结果显示，典型的双峰互联介
孔碳材料对 BPA 具有高达 1 106 mg/g 的超高吸附容量，其吸附
容量相当于富含微孔的单峰介孔孔碳材料（OMMC-S）的 3 倍，
研究还证实了其中的双峰介孔对 BPA 的扩散和超高吸附容量起到
了关键作用。

催化

与目前已被广泛应用于工业催化领域的沸石分子筛相比，有序介孔碳材料具有高比表面积，相对较大的孔径以及规整结构的孔道，可以处理较大的分子或基团，因此，它是一种很好的择形催化剂。特别是在催化有大体积分子参加的反应中，有序介孔碳材料显示优于沸石分子筛的催化活性。因此，有序介孔碳材料的使用为重油、渣油等催化裂化开辟了新天地。有序介孔碳材料直接作为酸碱催化剂使用时，能够改善固体酸催化剂上的结炭，提高产物的扩散速度，转化率可达90%，产物的选择性达100%。除了直接酸催化作用外，由于窄的孔道分布和组成的灵活性等特点，还可以在有序介孔碳材料骨架中掺杂过渡金属元素和稀土金属元素，或者负载金属、氧化物、配合物等催化剂。由于介孔碳中无定形炭和石墨型炭具有不饱和键，因而它具有类似于结晶缺陷的表现，因此介孔碳在很多情况下还可以作为催化剂。同时介孔碳具有很高的比表面积和孔隙率，很适合作为催化剂的载体，有利于提高催化剂的利用率。

化工产品的生产过程80%以上与催化反应相关，而大多数催化反应通常为多相催化，在多相催化反应中，催化剂活性组分必须得到高度的分布且具有高比表面积，活性组分填充在介孔碳材料的孔道中，其分散程度得到了大幅的提高，因而表现出更高的反应活性，由此可知，介孔碳在催化领域具有广阔的应用潜力。

储氢

氢气是未来一个极有可能取代化石燃料的能源之一。近年来科学家们投入大量精力进行研究与开发。现阶段的开发重点以产氢、储氢、氢气运送以及氢气与燃料电池的结合为主。氢气应用于交通工具的瓶颈主要是氢气的储存，常见的储存方法包括液氢、高压压缩、金属氧化物、化学氢化物以及高比表面积的吸附剂。介孔碳质轻、传输快、可以完全释放出所储存气体并且成本低、比表面积高，因而介孔碳是储氢的一个重要候选材料。例如，以聚噻吩为原料制备了介孔活性炭材料，其比表面积高达 3 000 m^2/g，孔体积为 1.75 cm^3/g，低温下在 2 000 kPa 压力时的最大储氢量为 6.64 wt%。通常来讲，要提高储氢量，高比表面积、大孔体积和杂原子掺杂等是必不可少的条件。因此，材料的结构和孔形的调控是介孔碳应用于储氢的重要研究课题。

储能材料

超级电容器电极材料　随着经济的不断发展，不可再生的化石能源的大量消耗，能源短缺和环境恶化已经成为人类面临的越来越突出的两大难题，新能源的开发和节能减排成为当今世界的一个重要课题。以车载电源为动力的电动汽车具有高效节能、低排放或零排放的显著优势，成为保障能源安全和转型低碳经济的重要途径。超级电容器通常被称为电化学电容器（Electrochemcial Capacitor）或双电层电容器（Electrical Doule-Layer Capacitor）。超级电容器兴起于 20 世纪 70 年代，并于 20 世纪 80 年代逐渐走向市场。与传统的静电电容器相比较，超级电容器具更大的比能量；而与电池相比较，其比能量虽然较小，但比功率高很多，且具有充放电速度快、效率高、循环寿命长等特点，可以说超级电容器的出现填补了物理电容器和二次电池之间的空白。介孔碳材料作为环境友好型材料，广泛应用于储能领域，主要倾向于超级电容器（Supercapacitor）。超级电容器是一种介于传统电容器和充电电池之间的新型储能装置，超级电容器具有功率密度很高、瞬间释放大电流、充电时间极短、充电效率高、对环境无污染、使用寿命长和无记忆效应等优异特性，被誉为随着材料科学的突破而出现的一种新型绿色环保功率型储能器件。介孔碳材料除了表现出与其他碳材料所具有的高电导性、良

超级电容汽车

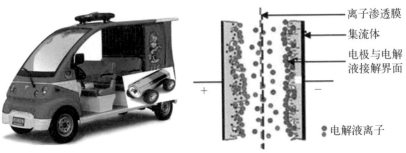

离子渗透膜
集流体
电极与电解液接解界面

+ −

●: 电解液离子

超级电容器的结构原理

好化学稳定性和热稳定性之外，其最大优点在于其成本低廉，通过碳源前驱体的选择以及合成方法和条件的筛选，可实现对多孔碳材料的结构控制，设计合成出孔洞网络相互贯通、孔分布合理和表面性能可调的多孔碳材料，还能够缩短电解液中离子的扩散路径和缓冲其在充放电中的体积变化，从而提高其作为超级电容器电极材料的能量密度、倍率性能和电化学循环稳定性能。

同济大学研究人员以正硅酸乙酯［即四乙氧基硅烷，$Si(OC_2H_5)_4$］为模板，通过控制正硅酸乙酯的浓度及其水解—缩聚应时间合成出孔径 3.2～14 nm 可调的介孔碳微球。典型的介孔碳微球具有良好的石墨化程度和导电性能，作为超级电容器电极在电流密度为 1.0 A/g 时，在 6 mol/L KOH 电解液中的比电容为 289 F/g，当电流密度达到 20 A/g 时还表现出优异的双电层电容行为，具有大电流充放电性能；经 10 000 次循环充放电后的电容保持率仍高达 94.7%，表明介孔碳微球电极具有较高的比电容和非常优异的循环充放电稳定性能，作为超级电容器电极材料具有潜在的应用价值。

小贴士

超级电容器及其工作原理

根据储能机理不同，超级电容器可以分为两类：双电层电容器和法拉第赝电容器。法拉第赝电容器中的电活性材料是金属

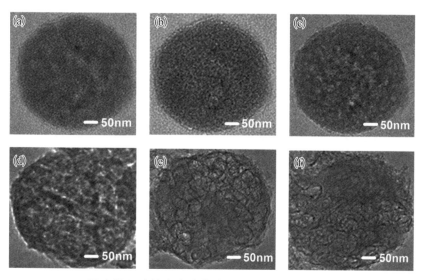

不同孔径尺寸的介孔碳微球的透射电子显微镜图像

超级电容器的应用前景

氧化物和导电聚合物，该电容器利用电极上的活性材料与电解液中的离子发生氧化—还原反应，通过跨越电解质与电极间界面的可逆法拉第电荷转移产生赝电容，赝电容器的行为更像锂离子电池。双电层电容器是通过电子在负极和正极间的变化，以及电解液和电极材料晶格缺陷引起的电子和离子吸附，进而引起静电荷的积累和电荷的释放而产生外加电势。双电层电容器充电时，电子通过外电路由负极移动到正极，而电解液中的正离子移动至负

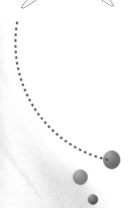

极，同时负离子移动至正极；放电时则发生相反的过程。双电层电容器类似于传统的物理电容器，它们都依靠电荷分离来存储能量，所不同的是，在双电层电容器中电荷的分离过程发生在负极和正极的界面上，并形成两个双电层，每层相当于一个传统的电容器，可以储存一定数量的电荷，因而双电层电容器的比电容比传统电容器要高几个数量级。由于在双电层电容器中电荷分离发生在电极和电解质界面内的更小距离间，它只涉及界面上的离子运动，而没有发生电子的得失，表明在超级电容器储能过程中电解质离子并没有发生任何化学反应，储能过程是一个物理过程，其表现出优异的循环性能。介孔碳具高比表面积和丰富孔隙，具有非常多的活性位点，理论上说，每一个活性位点都可以形成一个双电层，由此可知，高比表面积介孔碳材料具有高的电荷储存能力，更大的比电容量。因此，介孔碳材料的合成及其微结构优化研究具有极其重要的意义。

锂离子电池硅碳负极材料 碳类负极材料具有良好的导电性能，在充放电过程中体积变化很小，其循环稳定性和安全性好，但受限于其理论储锂容量（372 mA·h/g）；而单质硅在储锂过程中能形成高锂含量的合金相，其理论比容量高达 4 200 mA·h/g，远高于目前石墨碳负极的理论储锂容量，因此，单质硅已被认为是最有发展潜力的高性能锂离子电池可替代负极材料，受到了人们广泛的重视。然而，在锂离子嵌入/脱嵌过程中，硅单质与锂形成合金相时伴随着巨大的体积变化（膨胀 300%），在充放电过程中电极会不断发生膨胀与收缩，造成材料结构的破坏和机械粉化，致使容量迅速衰减，循环性能变差，从而严重地阻碍了其大规模商业化使用。将高比容量硅的纳米化与碳微球介孔结构体系有利于提高锂离子电池的快速充电能力和高倍率放电性能以及电化学循环稳定性的特点结合起来，通过对硅单质的介孔碳微球分散纳米复合结构体系的设计与合成，提高材料的高倍率充放电性能和循环稳定性等电化学性能。同济大学课题组制备的典型 Si@

C 样品作为锂离子电池负极材料，在电流密度为 50 mA/g 时的首次充放电容量分别为 1 375 mA·h/g 和 1 637 mA·h/g，100 次循环充放电后的放电比容量为 1 054 mA·h/g，电容量保持率为 77%，具有很好的循环稳定性，其比容量远高于目前商业化石墨碳材料。将硅纳米粒子引入具有介孔结构的碳骨架中制备的单质硅与介孔碳微球复合的硅碳材料，作为锂离子电池负极材料将具有巨大的应用潜力。

介孔碳材料具有独特的物理和化学性质，在吸附分离、生物材料、催化、环境和能源等领域具有广阔的应用前景。近年来，介孔碳材料作为超级电容器电极材料和锂离子电池复合负极材料已经得到了长足的发展，特别是其作为超级电容器电极材料的研究更加令人瞩目。虽然超级电容器在便携式电子产品、电动汽车和可再生能源等领域已经得到了应用，但其能量密度远远低于二次电池，大幅限制了其作为动力电源系统的应用。目前超级电容器最常用的电极材料仍然是活性炭，虽然活性炭基超级电容器已经成为商业化产品，但其还无法满足脉冲大电流充放电要求。介孔碳具有合适的孔结构、制备简捷和成本低廉的优点，还容易实现对其结构控制与优化，我们相信，通过对介孔碳材料的掺杂改性和表面功能化，同时进一步优化介孔碳的孔结构分布，就有可能大幅提高介孔碳基材料的储能性能。另外，开展具有大比表面积、可控孔径分布多孔碳材料的宏量制备研究也非常重要。非对称型超级电容器具有较高的能量密度，特别是正极和负极分别采用电池材料和碳材料的锂离子混合型超级电容器，其能量密度已接近锂离子电池，但其在大电流充放电过程中容量衰减仍然比较显著。因此，通过介孔碳材料的结构优化和掺杂改性，使之能与锂离子电池正极材料相匹配，制备兼具高功率密度和高能量密度的锂离子混合型超级电容器的电极材料，必将是先进功能碳材料的一个重要的研究方向。

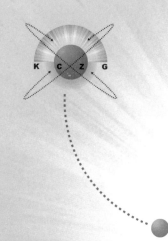

贴近生活的泡沫材料

什么是泡沫材料

说到"泡沫"二字，我们首先想到的是什么呢？是泡沫箱、泡沫饭盒、肥皂泡、与泡沫相关的流行歌曲，还是说经济领域的专业词汇"泡沫经济"？这里要介绍的泡沫材料和这些意思不无关联，根据字面意思理解就是包含有大量泡沫或者空腔结构的材料。从科学准确的定义来讲，泡沫材料是一类三维多孔结构材料，连续固体呈三维网络状结构。通常来说，泡沫材料具有两种类型结构，一类是绝大多数气孔为互相连通的，称为开孔泡沫材料；另一类是绝大多数气孔为互相分隔的，称为闭孔泡沫材料。泡沫材料根据材质的不同又可分为泡沫金属、泡沫陶瓷、泡沫塑料等，具有孔隙率高、轻质、比表面积大、比强度高等结构特点，因而产生绝热性高、缓冲性好、吸音性强和成型容易等优异

你首先想到的是哪种泡沫

特性，在节能、环保、建筑、交通工具、家用电器、文化体育等诸多方面有重要应用。

泡沫材料品种较多，与我们的日常生活息息相关。这里将从不同的材质出发，介绍泡沫金属、泡沫陶瓷、泡沫塑料三类泡沫材料的结构性能、制备方法及其应用。

泡沫金属

泡沫金属是多孔金属材料中最为重要的一个类型，因其具有"泡沫状"的结构而出名，甚至很多情况下把"泡沫金属"和"多孔金属"混同起来。通常来说，泡沫金属材料由刚性骨架和内部孔洞结构组成，除了其本身具有金属的导电性、延展性及可焊接性外，还具有多孔质轻、比强度高、比表面积大、吸能减震、消音降噪、透水透气和电磁屏蔽等物理特性，在能量吸收器、消音器、减震器、过滤器、加热及热交换器、催化剂及催化剂载体、电极和电磁屏蔽材料等领域呈现出非常广阔的应用前景。

泡沫金属有多种分类方式。根据空隙结构可以分为两大类：一类是空隙类似液泡聚集状态的胞状泡沫金属，这些孔结构可以完全打通成为通孔结构，也可以完全闭合成为闭孔结构，亦可以是部分孔打开的半通孔结构；另一类是由孔壁形成的三维框架结构，这一类型为孔完全贯通的通孔结构。根据孔径和孔隙率的大小也可分为两类：多孔金属和泡沫金属。根据金属材质不同，又可分泡沫铝、泡沫镍、泡沫铜、泡沫铁、泡沫锡和泡沫锌等，其中尤以泡沫铝及铝合金为当前研究和应用的热点。这里重点介绍泡沫铝、泡沫镍和泡沫铜三种材料。

泡沫铝

泡沫铝是一种集结构材料、功能材料于一身的新型高强轻

质复合材料，一般来说，闭孔泡沫铝主要作为结构材料来使用，而通孔泡沫铝主要作为功能材料来使用，具有寿命长、可循环使用的优点。泡沫铝发展已有近70年历史，美国人Sosnick在1948年最早提出的制备泡沫金属的方法是利用汞在熔融铝中蒸发产生气泡而制取泡沫铝，Ellist于1956年成功制备出泡沫铝，这种熔体发泡法至今仍是制备胞状泡沫金属的主要技术。日本神钢线材工业株式会社（Shinko Wire Company Ltd.）提出了熔体发泡法工艺，挪威Hydro公司和加拿大Alcan公司分别提出了吹气法工艺，德国弗朗霍夫研究所（IFAM）提出了粉末压实熔化发泡工艺，以上成果标志着泡沫铝商业化的突破。在开发应用方面，泡沫铝材于1968年在美国航天飞机上获得应用，之后在日本的高速列车中获得应用，作为电梯夹层板材料在德国获得应用。泡沫铝材料的研究在我国始于20世纪80年代中期，

泡沫铝

东南大学、大连理工大学、东北大学、中国科学院固体物理研究等大学和研究机构都开展了较多的研究工作，其中以东南大学材料系开展研究最早，在泡沫铝材的性能测试方面做了大量工作。

泡沫铝的制备方法可分为铸造法、粉末法、沉积法三大类。其中，铸造法又包括很多方式，如熔体发泡法、熔体吹气法、渗流铸造法、熔模铸造法等；粉末法又包括粉末冶金法和烧结溶解法等；沉积法又包括蒸发沉积、电沉积和反应沉积等方式。其中，工业化应用广泛的技术是熔体吹气发泡法、熔体添加发泡剂法和粉末冶金发泡法。

泡沫铝具有如下结构和性能特点：一是孔径较大，通孔泡沫

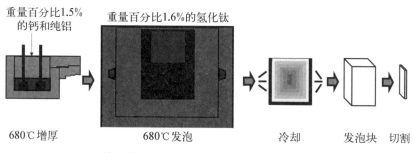

重量百分比1.5%的钙和纯铝　　重量百分比1.6%的氢化钛

680℃增厚　　　　680℃发泡　　　　冷却　　　发泡块　切割

熔体吹气发泡法制备泡沫铝工艺示意图

铝孔径为 0.2～2 mm，闭孔泡沫铝为 1～8 mm；二是较高的孔隙率，可达 63%～90%；三是密度小，孔隙率为 63% 时密度约 1 g/cm^3，孔隙率为 80% 时密度约 0.545 g/cm^3；孔隙率为 90% 时密度降低到约 0.27 g/cm^3；四是具有高的比强度和比刚度，力学性能呈现稳定的各向同性；五是具有很高的阻尼减振和冲击能量吸收能力。这些优异性能让泡沫铝在汽车制造、航空航天、交通行业、建材行业和军事国防领域有着大量的应用。

泡沫铝是一种优良的建材。泡沫铝在室内可用作消音降噪及屏蔽电磁波的装修、装饰材料；室外用作道路声屏障、隧道降噪围壁等，广泛应用于民用建筑、工业建筑、市政民生工程、公共建筑、抗震房屋等；泡沫铝轻质、耐热且不易燃烧的特点可以用来制作天花板；采用泡沫三明治式铝材制造电梯舱可以减少其电能消耗，起到建筑节能的作用。

泡沫铝在汽车制造业中也有重要应用，是最大的潜在应用市场。随着现代汽车技术的发展，汽车制造材料要求强度高、重量轻；泡沫铝由于高的比强度等优异性能，在车体的抗冲击缓冲和厢体的消音隔振方面有重要应用。用泡沫铝合金做成的汽车零部件有防撞 A 柱、防撞 B 柱、保险杠、发动机舱盖、行李厢盖、翼子板、消声器、减震支座等。例如，德国卡曼汽车公司与夫雷弗研究所合作用三明治式复合泡沫铝材制造的吉雅轻便轿车顶盖板，其刚度比原来的钢构件大 7 倍左右，而其质量减小 25%。

泡沫铝建材

泡沫铝在汽车
内衬防撞应用

　　泡沫铝材料因为其优异的减震防护性能在航天工业也发挥着重要作用。例如，在国外，泡沫铝早已应用在空间探测器着陆系统和卫星承载结构系统中，我国的航天探月工程中，泡沫铝也被用来制作成航天器返回舱底座和玉兔号月球车起落架，利用低密

航天器返回舱底部装填30 mm厚泡沫铝材料，
落地加速8 m/s，落地速度1 728 km/h，保证航天员安全

航天器返回舱底座减震应用

度泡沫铝制作缓冲垫和座椅。此外，运载火箭中使用泡沫铝可大大减轻发射重量。

泡沫铝可应用于军事工业。泡沫铝复合材料具有重量轻、强度高、弹性优良、吸能减震、消音减噪和具有电磁屏蔽性能的特点，在军事上可作为爆炸缓冲及防护材料。例如，可用于生产轻型、高机动性和可运输的防爆装甲系统，制作军用空投包装箱，制造静音潜艇和导弹驱逐舰的消音降噪设备，指挥车、指挥所和战地营房的内衬，以屏蔽电磁信号，防止信息泄露。

泡沫铝在坦克上的应用

泡沫镍

　　泡沫镍是一种密度低、孔隙率可高达 98% 并具有三维网状结构的新型功能材料，制备方法有发泡法、低温气相沉积法、烧结法、化学镀法、电解法等。其中，工业化生产的工艺以聚氨酯泡沫塑料为骨架，采用涂导电浆法、化学镀法和等离子及磁控溅射法等对聚氨酯泡沫进行导电化处理，然后在通用的硫酸盐镀镍电解液中电镀厚镍，后经灼烧、还原、退火工序得到性能优良的三维网状泡沫镍材料。

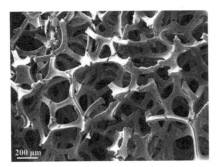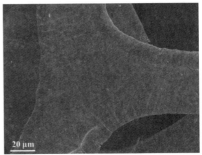

泡沫镍多孔结构的扫描电子显微镜照片

　　1967 年，国际上开始有关于泡沫镍的研究报道，但直到氢镍和镉镍电池的迅速发展才实现规模生产。目前，泡沫镍材料在过滤、热交换、隔热、减震和催化剂载体等领域都有应用，但最为重要的应用还是作为填充活性物质的载体和电集流体，用作二次氢镍和镉镍电池的电极基板，是电池的主要原料之一。泡沫镍也可作为燃料电池的电催化剂。例如，在熔融碳酸盐燃料电池中，工作温度通常为 550 ~ 700 ℃，泡沫镍可以作为其电催化剂；在质子交换膜电池中作为两极极板改性材料；在固体氧化物燃料电池中作为电极中继馈线等。

　　泡沫镍还可用于催化材料。独特的开孔结构、固有的抗拉强度、抗热冲击、传热和传质特性等使泡沫镍可能成为优良的

泡沫镍带和泡沫镍片

催化剂载体，如柴油车黑烟净化器的催化剂载体等。利用其优越的热传导性质，可提高发动机冷启动时一氧化碳和碳氢化合物的催化转化，达到净化尾气的效果。此外，泡沫镍还可用作氮氧化物脱除的载体，如有研究直接在泡沫镍上原位构筑一层多孔 Ni-Mn 复合氧化物纳米片来直接用作整体式催化剂，该催化剂表现出良好的 NO 脱除能力、催化稳定性以及抗水汽中毒能力，该材料环境友好、制备方法便捷，并具有宏观三维的结构，在脱硝研究领域具有光明的应用前景。

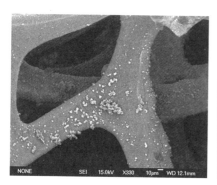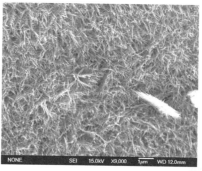

泡沫镍上 Ni-Mn 复合氧化物纳米片的扫描电子显微镜照片

泡沫铜

泡沫铜与其他泡沫金属相比，具有导电性和延展性好、制备成本低等优点，在电池负极（载体）材料、催化剂载体和电磁屏蔽材料等方面具有应用价值，但由于耐腐蚀性能不好，也在一定程度上限制了其应用。典型的制备方法有电沉积法，其工艺过程和泡沫镍类似，以聚氨酯软泡沫为基体，经表面预处理、化学沉积、电沉积和焙烧及热还原工艺，可制备均匀分布三维网状孔结构，空隙率可达 95% 以上。第二种典型的方法是烧结法，以铜粉和氯化钠粉末为原材料，通过均匀混合、压紧后制得生坯，在烧结炉中于氩气气氛下进行烧结，然后在循环热水装置中将 NaCl 溶解去除，并用超声波清洗，最后烘干制得通孔泡沫铜产品。

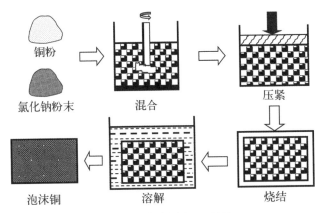

烧结法制备泡沫铜示意图

　　泡沫铜可以制作成不同开孔率的材料，也方便加工成为特定形状，可作为电极材料、催化剂或者催化剂载体、导热材料、隔音材料、电磁屏蔽材料、过滤材料、缓冲材料等。这里介绍几个重要的应用。

　　泡沫铜可用作电极材料。铜是优良的导体，泡沫铜因为具有大的比表面积和优良的导电性能可广泛应用于镍锌电池、双电层电容器等新型电池的电极骨架材料，多家镍锌电池生产厂家目前正在试用；另外，泡沫铜也可作为双电层电容器电极集流体以及电解回收含铜废水的电极材料使用。

不同孔径的泡沫铜

铜泡沫骨架表面氧化铜纳米线

泡沫铜整体式催化剂和低温等离子技术耦合降解甲苯

　　泡沫铜可用作催化剂。泡沫铜可替代冲孔铜板，在一些有机化学反应中作为催化剂，因其大的比表面积而表现出更加高效的反应速率；可利用热处理在泡沫铜上直接制备氧化铜纳米线，并作为整体式催化剂用于低温等离子体—催化氧化甲苯，可明显促进甲苯转化和提高其选择性。

　　泡沫铜可用作导热材料。其优良的导热性能使其成为很好的阻燃材料，在许多先进的火

Silent Power 外观示意图

焰隔离器材等消防业中获得应用；也有人将其制作成电机、电器产品的散热材料。例如，德国一项个人电脑全新的散热方案——Silent Power，就是借助了泡沫铜实现散热和降噪效果，从外观上看泡沫铜与海绵极为相似，自身网眼的特点可以让空气自由穿过，实现热量的排散，保证设备的运行温度不会超过50℃。

泡沫铁

泡沫铁材料具有成本低廉、原料丰富、对环境污染小的特点。在复合材料制备、电磁屏蔽设备、电化学集流体、隔音、过滤净化等方面都具有广阔的应用。制备方法以聚氨酯泡沫为模板，经导电化处理后电沉积铁，然后经过适当的热处理得到泡沫金属铁成品。但是泡沫铁开发相对较晚，制备工艺和应用都有待进一步发展。

泡沫铁

泡沫塑料

泡沫塑料是以树脂为基础制成的内部含有无数微小胞状空隙的多孔聚合物材料，又称为微孔塑料或多孔塑料，是常见的多孔材料之一。泡沫塑料具有密度低、比强度高、可吸收冲击载荷、隔热和隔音性能好等特性，在工业、农业、建筑、交通运输等领域得到了十分广泛的应用，可作为包装材料、吸声材料、保暖材料、建筑材料、医疗用品等。较为常见的泡沫塑料主要有聚乙烯（PE）、聚丙烯（PP）、聚氨酯（PU）、聚苯乙烯（PS）、聚氯乙烯（PVC）、酚醛树脂（PF）、丙烯腈—丁二烯—苯乙烯共聚物（ABS）等品种。

泡沫塑料有不同的分类模式。按照泡沫的硬度可分为软质泡沫塑料、硬质泡沫塑料和半硬质泡沫塑料三类，分别对应不同的弹性模量数值；按照泡沫密度分类可分为低发泡泡沫塑料、中发泡泡沫塑料和

泡沫塑料包装材料

高发泡泡沫塑料；根据开孔方式又可分为闭孔和开孔，通常来说，闭孔塑料质地偏软而开孔塑料质地偏硬。根据泡沫塑料的品种又可分为热塑性塑料和热固性塑料两大类，分别具有不同的硬度类型、开孔类型及密度、工作温度，可根据其特性选择适合的应用。

泡沫塑料的分类

按泡沫硬度分类		按泡沫密度分类	
类　型	弹性模量/MPa（23℃，50%相对湿度）	类　型	密度/kg/m³
软质泡沫塑料	< 70	低发泡泡沫塑料	> 400
硬质泡沫塑料	> 700	中发泡泡沫塑料	100～400
半硬质泡沫塑料	70～700	高发泡泡沫塑料	< 100

各种常用泡沫塑料的品种和性能

泡沫塑料品种		软硬类型	微孔类型	密度 / kg/m³	最高工作温度 /℃
热塑性塑料	PS	硬	闭孔	16～160	75
	PE	半硬	闭孔	21～800	82
	PVC	硬	闭孔	32～64	93
	PVC	软	开孔或闭孔	64～960	62～101
	ABS	硬	闭孔	160～896	82
	PC	硬	闭孔	800～1 120	132
热固性塑料	PU	硬	闭孔	24～640	93～121
	PU	软	开孔	14.5～320	66～93
	酚醛树脂	硬	开孔或闭孔	51～352	149
	脲醛树脂	半硬	部分闭孔	13～19	49
	环氧树脂（自发泡）	硬	闭孔	32～320	177
	环氧树脂（复合）	硬	闭孔	224～640	＜260
	聚有机硅氧烷（海绵）	硬（软）	闭孔或开孔	154～544	204～343

　　泡沫塑料的制备工艺比泡沫金属的制备方法要简单，主要有混料和成型两大步骤，而成型过程一般要经历气泡的成核、膨胀及泡沫的固化定型三个阶段。第一个过程即为发泡过程，通常可分为化学发泡、物理发泡和机械发泡三大类。物理发泡有惰性气体发泡法和中空球法等，是在塑料中溶入气体或液体，而后使其膨胀或气化发泡，可适用较多品种的塑料；化学发泡有发泡剂法和原料反应法，由特意加入的化学发泡剂，受热分解或原料组分间发生化学反应而产生的气体（二氧化碳、氮气、氨气等），使塑料熔体充满泡孔，如聚氨酯泡沫塑料的生产就用

到了这种方法；机械发泡则是借助机械搅拌作用使气体混入液体混合料中，然后经定型过程形成泡孔的泡沫塑料，此法常用于脲甲醛树脂等。泡沫的成型工艺又有挤出、注射、吹塑、模压、浇注等技术，其中模压发泡工艺简单、产品质量好、生产效率高，主要用于热塑性塑料如 PS、PE 等的发泡，制品主要用于建筑、包装及日用品方面；注射发泡成型可用于制备结构复杂的塑料制品，如冷藏箱、集装箱、隔音材料、汽车零部件、家具和建材等。

发泡塑料可作为隔热保温材料，主要为闭孔结构，其导热率非常低，原因有三：一是其内部存在大量导热率低的气体，可降低材料总体的导热率；二是相对密闭的空间限制了空气流动，减少了对流传热；三是空隙内表面可以反复吸收和反射而减少热辐射。建筑中使用发泡材料来隔热和保温，可减少采暖供热系统的能源消耗，从而起到环保节能的效果。目前主要用到的材料是聚苯乙烯泡沫塑料和聚氨酯泡沫塑料，其中聚苯乙烯泡沫塑料质地较软、重量轻、保温隔音效果好，主要应用于保温风管、墙体及地面，而聚氨酯泡沫塑料质地较硬、比强度高、吸水率低、隔热效果好，在建筑保温节能方面备受关注，尤其在管道保温中

泡沫聚氨酯建筑夹板

泡沫塑料缓冲材料

使用广泛。

　　发泡塑料可用作缓冲材料。软质泡沫塑料常用于沙发家具、枕头、坐垫、玩具、服装、运动器材等；硬质泡沫塑料主要用于包装材料，在物流越来越发达的今天，泡沫塑料包装的使用司空见惯，以保证物品不被损坏，例如在精密电子、光学、测试仪器等昂贵设备的运输方面必不可少，而且通常还需要有针对性来设计相关的包装盒，以优化保护效果。

　　发泡塑料还可作为吸声材料、分离富集材料、过滤材料等，随着现代技术的进步及特殊领域需求的增加，一些特定功能的泡沫塑料也应运而生。例如，通过在制备过程中引入阻燃剂、防火涂层等可制成自熄性泡沫塑料，也就是泡沫在离开外界火焰后可自行熄灭，从而达到阻燃效果；再例如，在塑料中加入抗静电剂，可制备出抗静电泡沫塑料，在对静电有特殊要求的地方使用；也可以在泡沫材料中加入一些磁性材料，制成磁性泡沫塑料，可用于屏蔽电磁辐射。可以预见，随着科技的发展，发泡塑料将进一步得到功能化，在更广泛的领域发挥越来越重要的作用。

　　值得注意的是，泡沫塑料在加工生成及使用过程中，会对环境造成一定的污染，需要通过进一步提高制备工艺和环保处理来降低污染程度，我国近些年正在下大力气提高和整治。此外，泡沫塑料在使用后会产生大量的固体垃圾，如果在使用后能够高效回收利用，也将大大减少环境污染的压力，除了社会更加积极的引导，更重要的是我们每一位公民环保意识的提高。

泡沫陶瓷

　　泡沫陶瓷是继普通多孔陶瓷、蜂窝状多孔陶瓷之后于20世纪70年代发展起来的第三代多孔陶瓷。泡沫陶瓷由三维网络骨架结构及其所包围的气体空隙所组成，和泡沫塑料及泡沫金属相比，除比强度高、多孔结构所带来的隔音隔热特性外，还拥有耐化学腐蚀、耐高温及良好的过滤吸附性能等优异特性，在环保、能源、化工、生物等多个领域有重要应用。

最早报道的泡沫陶瓷制备方法是 1963 年 Schwartzwalder 发明的有机泡沫浸渍法，之后欧美国家先后研制出可过滤大多数有色金属和合金铸件的多种材质的泡沫陶瓷过滤器。1978 年，由美国的 Mollard FR 和 Davidson N 等人利用氧化铝、高岭土之类的陶瓷浆料成功地研制出泡沫陶瓷，大大提高了熔融金属铸造过滤铸件的质量，降低了废品率，促进了泡沫陶瓷的规模化工业发展及其应用。美国的 Astro 和 Selee 公司是目前世界上生产泡沫陶瓷规模最大的厂家，采用浸渍辊压成型机成型、坯体用微波干燥等先进工艺，达到了很高的技术水平。近年来，由于环保压力的增加，有些废弃物也被利用来制备蜂窝陶瓷，如赤泥是氧化铝生产中排放的工业废物，主要含 SiO_2、CaO、Al_2O_3、Fe_2O_3 等化学成分，可以利用其生产蜂窝陶瓷，实现赤泥的资源化利用；类似的资源化原料还有煤矸石、粉煤灰、污水处理厂的污泥、河道淤泥、各种矿渣、废玻璃和废陶瓷等。

多孔陶瓷材料可以从孔结构、维度、相组成等角度进行分类。根据孔结构，泡沫陶瓷材料同样可分为闭孔多孔陶瓷和开孔多孔陶瓷。根据维度可将泡沫陶瓷分为四类：一是零维多孔陶瓷材料，如氧化铝空心球等；二是一维多孔陶瓷材料，如陶瓷管等；三是二维多孔陶瓷材料，如陶瓷膜等；四是三维多孔陶瓷，如氧化铝多孔陶瓷等。根据材料的相组成，多孔陶瓷可分为莫来石多孔陶瓷、

碳化硅泡沫陶瓷

羟基磷灰石多孔陶瓷、Al_2O_3 多孔陶瓷、SiC 多孔陶瓷、ZrO_2 多孔陶瓷及其复合多孔陶瓷材料。

泡沫陶瓷的主要特性有如下方面：一是密度低，由于多孔陶瓷的高孔隙率，其密度远低于同材质的致密陶瓷，具有轻质的特点；二是强度高，尤其是与泡沫金属和泡沫塑料相比；三是比表面积大，得益于泡沫骨架的微孔，高的比表面积可接近 $2\,000\ m^2/g$；四是热导率低，多孔结构可大幅度减少流传热和辐射传热，如有报道表明泡沫氧化铝的热导率可低至 $0.23\ W/(m \cdot K)$。此外，多孔陶瓷材料还具有高的耐化学腐蚀性、低介电常数、抗热震性等优异性能。

泡沫陶瓷的诸多优异性能让其在气体液体过滤、净化分离、催化剂载体、吸声减震、节能隔热、生物植入、特种墙体和传感器等方面应用广泛，这里重点介绍蜂窝陶瓷在废水净化和废气净化中的应用。

对应于不同孔结构的多孔陶瓷应用

孔 隙 形 态	对 应 用 途
开口孔隙	金属熔化过滤器 排气过滤器 催化剂载体 多孔燃烧器 气体扩散器 火焰阻止器 骨骼替换材料 细胞 / 酶 / 菌的载体 渗透复合材料基体 液体充气元件
闭合孔隙	轻质夹层结构 窑具材料 隔热 冲击能吸收 药物传输系统 高温下的声音衰减 加热元件

（续表）

孔 隙 形 态	对 应 用 途
各向异性孔隙 / 梯度孔隙	热交换器 气相反应器 分离膜 化学传感器 铸膜 功能梯度材料

在废水净化中的应用

　　蜂窝陶瓷由于具有孔结构发达、比表面积大、表面性质特殊并容易调控等特点，在废水治理中可以起到截留、吸附、过滤、表面络合和离子交换等多种物理化学作用，在处理重金属、生物滤池、布气、生物滤池等方面有着重要应用。如当滤液通过时，其中的悬浮物、胶体物、微生物、病毒等可被阻截在过滤介质表面或内部，从而达到净化的目的；再例如，蜂窝陶瓷可对溶液中的有毒重金属离子进行吸附分离，并能对污水进行脱色处理；也可作为生物滤池的填料和曝气处理的布气材料，兼具了比表面积大和强度高等优点，作为填料时，表面微生物种类丰富，对反硝化脱氮工艺具有积极的参考和借鉴意义。

在废气净化中的应用

　　蜂窝陶瓷是高效的催化剂载体，可提供大的比表面积和合适的孔结构、提高催化剂的热稳定性、增加催化剂的强度，具有耐磨、不易中毒、密度低等特点。例如，可用于催化燃烧将有机和异味废气转化成无毒、无味的二氧化碳和水；也可作为汽车尾气催化净化器载体，使排出的 CO、NO 和碳氢化合物等有害气体

转化成无毒的 CO_2、H_2O、N_2。转化率高达 90% 以上，而用在柴油车中更可使炭粒净化率超过 50%。蜂窝陶瓷还可用作光触媒载体，可有效地提高空气净化效率，能够用于居室、办公室、手术室、卫生间等场所的空气净化。

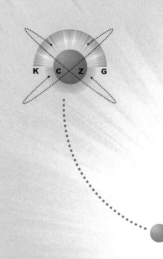

气凝胶
——最轻的固体

什么是气凝胶

气凝胶（Aerogel）有"固态烟雾"之称，是一种典型的纳米多孔材料，由胶体粒子或高分子相互聚集形成，以气体作为分散介质的一种高分散三维多孔固态材料。气凝胶是世界上已知密度最低的人造固体物质（< 0.03 g/cm³），孔隙率高（99%）、热导率低［< 0.02 W/（m·K）］、比表面积大（< 1 000 m²/g），被誉为"改变世界的神奇材料"，有望应用于隔热、吸附、光学器件、超级电容器、新能源、催化、环保、航天航空和生命科学等诸多领域。

世界上第一块气凝胶诞生于 1931 年，由美国斯坦福大学 Kistler 通过超临界干燥技术制得，用气体取代湿凝胶中液体成分的位置，同时保持凝胶的间壁不发生塌缩，制备了无裂纹、透明、低密度、高孔隙率的 SiO_2 气凝胶。Kistler 成功地预言了气凝胶将在催化、隔热、玻璃及陶瓷领域得到应用。

气凝胶的种类、制备方法及应用

气凝胶一般可根据化学成分分为无机、有机和有机/无机杂化气凝胶。随着绿色环保的大力推广，新型的纤维素气凝胶和以碳材料为基础的碳系气凝胶迅速发展起来。气凝胶材料的制备包括溶胶—凝胶和干燥两个过程，首先获得具有一定空间网络结构的含有少量催化剂的醇凝胶，然后干燥以去掉醇凝胶网络骨架中的溶剂，得到最终的气凝胶。

无机气凝胶

目前无机物凝胶的合成常采用金属醇盐或金属盐的水解方

溶胶　　　　　　　　　聚集　　　　　　　　　凝胶

SiO$_2$凝胶形成过程示意图

法，醇盐与水混合水解后，水解产物发生缩聚反应，生成的水保持在凝胶网络的孔内，存在大量水解和缩聚反应点。水解和缩聚反应均为酸碱催化反应，是同时进行的，水解和缩聚反应的相对速率决定了湿凝胶的织态结构。以硅凝胶形成为例，酸性条件下，由于缩聚反应较慢，并且硅氧键形成的可逆性很低，最终形成三维分子网络凝胶；在碱性条件下，硅酸单体水解后迅速缩聚，生成致密的胶体颗粒，所得凝胶网络具有珍珠串式结构；在强碱性条件下，二氧化硅的溶解度增加，溶胶—凝胶过程受近平衡区的热力学控制，最终形成由光滑胶粒构成的凝胶。

SiO$_2$气凝胶　　SiO$_2$气凝胶是目前研究最多、最成熟的气凝胶材料。SiO$_2$气凝胶采用的前驱体（硅源）是硅酸钠，溶胶—凝胶过程中硅酸钠与酸（如盐酸）反应生成含有无机盐的SiO$_2$凝胶。为了获得完整无裂纹的SiO$_2$气凝胶，上述凝胶中的无机盐必须除去。目前SiO$_2$气凝胶的研制和生产大多采用有机醇盐，最常见是正硅酸四甲酯（TMOS）和正硅酸四乙酯（TEOS）。TMOS具有比TEOS更高的水解速度，并且得到的SiO$_2$气凝胶的孔径分布更窄、比表面积更高。但TMOS在水解—聚合过程中会产生甲醇，因此国内大多采用TEOS为前驱体合成SiO$_2$气凝胶，而国外以TMOS为前驱体合成SiO$_2$气凝胶的报道较多。

其他氧化物气凝胶　　除SiO$_2$气凝胶外，Al$_2$O$_3$气凝胶是研究较多的一类氧化物气凝胶，Al$_2$O$_3$气凝胶具有比SiO$_2$气凝胶更好

的耐温性，作为隔热材料或者催化剂载体具有更大的应用范围，与 SiO_2 气凝胶类似，制备 Al_2O_3 气凝胶的前驱体也包括无机铝盐（通常是氯化铝和硝酸铝）和有机铝醇盐（通常是异丙醇铝和仲丁醇铝）。相对于有机醇盐，无机铝盐成本低，相应的溶胶—凝胶工艺更加简单，在大规模生产应用中具有相当的优势。

TiO_2 气凝胶一般以钛酸四丁酯、钛酸四乙酯等有机钛醇盐为前驱体制备，作为过渡金属元素，钛的有机醇盐活性高，在有水情况下极易产生沉淀，因此 TiO_2 凝胶制备过程中需要加入强酸调节 pH 值抑制水解，以避免沉淀产生。

除此之外，目前已经研制出的无机氧化物气凝胶有几十种之多，其中一元氧化物气凝胶有 MoO_2、MgO、ZrO_2、SnO_2、Nb_2O_5、Cr_2O_3 等，金属复合氧化物气凝胶有 Cu/Al_2O_3、Ni/Al_2O_3、Pd/Al_2O_3 等，二元氧化物气凝胶有 Al_2O_3/SiO_2、B_2O_3/SiO_2、P_2O_5/SiO_2、Nb_2O_5/SiO_2、Dy_2O_3/SiO_2、Er_2O_3/SiO_2、Lu_2O_3/Al_2O_3、CuO/Al_2O_3、NiO/Al_2O_3、PbO/Al_2O_3、Cr_2O_3/Al_2O_3、Fe_2O_3/Al_2O_3、Fe_2O_3/SiO_2、Li_2O/B_2O_3 等，三元氧化物气凝胶有 $CuO/ZnO/ZrO_2$、$CuO/ZnO/Al_2O_3$、$B_2O_3/P_2O_5/SiO_2$、$MgO/Al_2O_3/SiO_2$ 等。

有机气凝胶

有机气凝胶最早是由美国 Lawrence Livermore 国家实验室以间苯二酚和甲醛为原料，得到了间苯二酚—甲醛（RF）气凝胶，标志着有机气凝胶的问世。随着 RF 气凝胶的出现，又逐渐制备出了苯酚—呋喃甲醛、甲酚—甲醛等有机气凝胶。近年来，随着高分子材料的广泛使用，有机高分子聚合物气凝胶被人们所研究。有机气凝胶不同于无机气凝胶的最大特点是有机高分子聚合物具有灵活的分子设计性，这使得有机气凝胶的性能变得更易为人们所控制，可以通过多元化的分子设计得到更多性能多元化的产品。有机聚合物种类繁多，几种常见的有机合成聚合物气凝胶的性能和应用如下表所示。

几种常见的聚合物气凝胶

种　类	性　能	应　用
聚氨酯（PU）气凝胶	较低的热导率，灵活的分子设计性	隔热材料
聚脲（PUA）气凝胶	网络结构随着密度而变化，力学稳定性和热稳定性良好	隔热、隔声等材料
聚酰亚胺（PI）气凝胶	良好的热稳定性和力学性能，低介电常数	隔热材料、贴片天线
聚苯并噁嗪（PBZ/PBO）气凝胶	收缩率低、碳产率高	碳气凝胶的前驱体、吸附材料
间规聚苯乙烯（sPS）气凝胶	疏水性良好	良好的有机溶剂吸附剂
聚间苯二胺（PmPD）气凝胶	超低的密度、优异的吸附性能	良好的有机溶剂吸附剂
聚酰胺（PA）气凝胶	接近聚酰亚胺的良好性能，合成成本低	可部分代替聚酰亚胺气凝胶
聚偏二氯乙烯（PVDF）气凝胶	生物相容性	载药材料
聚吡咯（pPy）气凝胶	电磁吸收性能好	电磁吸收材料

碳气凝胶

近年来，随着碳纳米管、石墨烯等新型碳材料的发展，碳气凝胶也逐渐成为气凝胶领域的热点，凭借其优良的导电性和良好的力学性能拓展了气凝胶的应用。碳系气凝胶又可分为碳纳米管气凝胶、石墨烯气凝胶、碳纳米管—石墨烯复合气凝胶以及聚合物基碳气凝胶等。

碳纳米管气凝胶　碳纳米管（CNTs）具有优异的电、力、

光及热学特性，三维碳纳米管气凝胶具有相互连接的多孔结构、低密度、高的孔隙率、大的比表面积及高效的电子/声子传输通道，应用于微电子、储能器件、导热材料及清洁能源和环境治理等领域。

碳纳米管水凝胶或气凝胶可通过将碳纳米管分散到水溶液或有机溶剂中，在表面活性剂作用下均匀混合，经化学物理作用，形成稳定透明的溶胶体系，溶胶通过陈化自组装三维空间网络结构的凝胶，进一步通过超临界干燥或冻干干燥除去凝胶中溶剂，原有的三维网络结构则保留下来，气凝胶的内部由单个纳米碳纤维互连形成多孔结构，研究者把碳纳米管分散在十二烷基苯磺酸钠水溶液中，过夜形成凝胶，分别经干燥获得碳纳米管三维材料，具有密度低、导电性好等特性，通过添加聚乙烯醇（PVA）等聚合物改善其机械强度，增强后的凝胶能够支撑其自身重量8 000 倍的物体。

模板法是制备三维碳气凝胶的方法之一，采用某种三维成型体或纳米线作为模板，之后再将模板刻蚀。有科学家将经过表面

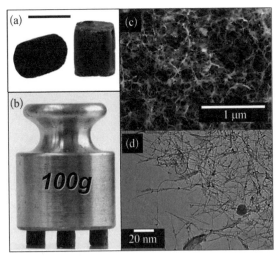

（a）PVA 加强碳气凝胶前（左）后（右）的图片，（b）3 块 PVA 加强碳气凝胶（总重量 13 mg）支撑 100 g（约为自身重量的 8 000 倍），碳气凝胶的（c）SEM 和（d）TEM 图片

活性剂处理的碳纳米管负载于聚氨酯气凝胶上，复制出具有大孔三维骨架结构的碳纳米管气凝胶；也有科学家通过快速层层自组装在纳米纤维素凝胶上制备了表面羧基化的单壁碳纳米管三维杂化材料，用作超级电容器电极。

石墨烯气凝胶　石墨烯是一种由碳原子构成的二维片层结构的纳米碳材料，自 2004 年被盖姆（Geim）等发现以来就引起了科学界的广泛关注。构成石墨烯的碳原子之间以 SP^2 杂化方式连接在一起使整个石墨烯片层形成离域的大 π 键，这种特殊的结构使得 π 电子可以在石墨烯内部自由移动，因而赋予其优异的导电性。石墨烯的理论比表面积高达 2 600 m^2/g，具有良好的导热性能［导热率为 3 000 W/（m·K）］和力学性能（杨氏模量达 1 060 GPa）。石墨烯气凝胶继承了石墨烯和气凝胶双重特性，具有高比表面积、高孔隙率、高电导率以及良好的热导率和机械强度等优点，使其在光电装置、能源和环境、化工、材料科学以及生物技术等领域都具有广阔的应用前景。

石墨烯既不溶于很多溶剂，也不能在高温下熔化，给石墨烯复合物的制备造成了很大的困难。氧化石墨含有很多的含氧官能团（羟基、羧基、环氧基等），使得它能够很容易地分散在水中，被视为制备各种石墨烯组装结构的理想前驱体材料。根据制备过程中是否需要黏结剂，可将石墨烯气凝胶的制备方法归结为两类：一是以间苯二酚（R）和甲醛（F）经过溶胶凝胶聚合形成的酚醛聚合物 RF 为黏结剂，经过特殊干燥和高温热解还原制备石墨烯气凝胶；二是通过水热法直接由氧化石墨水分散液制得石墨烯气凝胶。

有研究者以 RF 为黏结剂制备石墨烯气凝胶，不同质量分数（0～4%）的酚醛聚合物作黏结剂，以碳酸钠为催化剂，在氧化石墨烯的水分散液中合成了酚醛聚合物 / 氧化石墨烯湿凝胶，经丙酮溶剂交换和超临界二氧化碳干燥后，在氮气气氛下，于 1 050℃高温热解还原制得石墨烯气凝胶。还有科学家首次用石墨烯水溶液代替了氧化石墨烯溶液制备了石墨烯气凝胶。在聚乙烯

吡咯烷酮存在的条件下通过超声处理石墨粉制得石墨烯分散液，然后用酚醛聚合物作黏结剂，经溶胶凝胶及冷冻干燥过程，于氮气气氛下850℃热解还原制备了石墨烯气凝胶。

水热法制备石墨烯气凝胶，在乙二胺/水体系中将氧化石墨烯还原组装成三维石墨烯气凝胶材料。该材料的孔壁为一定量的石墨烯片层搭积，孔径约为50～100 μm。所得石墨烯气凝胶密度约为4.4～7.9 mg/cm³，可用狗尾草支撑。也有科学家在低温下通过氧化石墨烯溶液的自组装制得了氧化石墨烯湿凝胶，经过二氧化碳超临界干燥得到氧化石墨烯气凝胶，在氢气保护下1 100℃高温热解还原制得石墨烯气凝胶。

聚合物基碳气凝胶 聚合物基碳气凝胶是通过碳化有机物得到，常用的碳化方法是惰性气体保护下进行高温热处理，有机气凝胶经过热解和缩聚反应，除去有机气凝胶中氢和氧，得到相对高纯度的碳材料。影响碳化效果的因素包括温度、原料的粒度、保温时间和升温速度等。例如在低温下碳化，材料发生体积收缩，大孔减少，介孔体积和比表面积增大；而在高碳化温度下，这些参数都呈现减小的趋势，在热处理温度高于2 000℃时，气凝胶中部分出现石墨化。

水热碳化法（HTC）是一种可以快速简单地合成碳气凝胶的方法。它是一种以水为反应介质，将原材料转换为高度碳化的碳材料的方法。由生物质为原材料制备的碳气凝胶大多采用这种方法。首先将要碳化的生物质材料切割成所需的形状，放入聚四氟乙烯釜中进行高压热处理，然后通过溶剂交换

以冬瓜为原料合成的碳气凝胶站立在羽毛上

得到水凝胶，再经过冷冻干燥获得碳气凝胶。该方法能够最大程度地保持原料宏观形状，获得所需尺度的碳气凝胶块体，并且在较低温度下实现生物质中有机物的碳化，所得的碳气凝胶拥有丰富的表面基团（—OH，C=O 等），有利于生物质碳气凝胶与其他功能材料复合。

纤维素气凝胶

纤维素是自然界中储量最为丰富的一种天然高分子。纤维素分布十分广泛，如棉花中纤维素含量十分丰富，其纤维素含量接近 100%，麻类为 80%～90%，木材、竹类含量为 40%～50%。此外，秸秆、甘蔗渣等都是纤维素的来源。纤维素基气凝胶由于兼具绿色可再生天然高分子及高孔隙率纳米多孔材料的诸多优点，相对于强度差、易碎的无机气凝胶，纤维素基气凝胶具有韧性好、易加工等特性，因此被誉为继无机气凝胶和聚合物气凝胶之后的新一代气凝胶。近几年来，对制备纤维素气凝胶原料研究已经取得了许多进展，几乎涵盖所有的生物质材料，其中以木质材料最为普遍，也有大量研究以竹子、香蕉皮、亚麻和小麦秸秆、仙人掌、马铃薯块茎等生物质材料为原料成功制备出纤维素气凝胶。除了植物生物质材料外，也有人以细菌、海鞘等非生物质资源为原料制备纤维素气凝胶。

纤维素气凝胶的制备通常采用溶胶—凝胶法处理纤维素溶胶得到纤维素凝胶，经过溶剂交换及干燥处理之后去除纤维素凝胶内部的溶剂，得到纤维素气凝胶材料。纤维素凝胶的形成途径主要有两种：一种是先使用非衍生化溶剂破坏天然纤维素中的氢键，直接溶解纤维素，再借助凝固浴使纤维素再生形成凝胶；另一种是将从天然纤维素中提取的纳米纤维素，包括纤维素纳米纤维或纤维素纳米晶须，直接分散在水中自发形成凝胶。因此，纤维素基气凝胶三个关键步骤为：原料的溶解或分散、凝胶的形成和溶剂置换、凝胶的干燥。

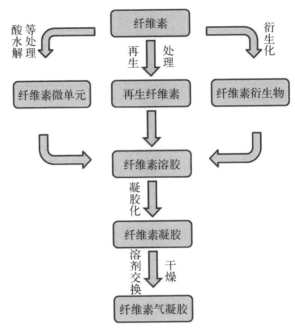

纤维素气凝胶的制备流程（纤维素微单元此处指的是纤维素晶须或纤维素纳米纤维）

不同的制备方法得到的纤维素溶胶的种类不同，据此可以将纤维素气凝胶分为天然纤维素气凝胶、再生纤维素气凝胶和纤维素衍生物气凝胶。

天然纤维素气凝胶一般是以天然纤维素纳米网络结构为基础的气凝胶，是各向同性的三维随机结构。纳米纤维保持纤维素的结构，结晶性好，比表面积大，可用于结构增强等，孔隙率可达到93.1%～99.5%，压缩强度为7.8～515 kPa，杨氏模量为56～5 310 kPa，与宏观纤维相比具有更优异的机械性能，易碎性也得到了很大的改善。

常用的天然纤维素气凝胶制备方法主要分四步：第一步为纤维素的制备，即从木材、棉花、麻类中将纤维素分解出来，生产出纳米纤维，通常方法有强酸水解法、机械分离法、化学预处理结合机械分离法和酶处理结合机械分离法等。其中强酸水解法制备的纤维素纳米晶须有较高的比表面积，但对反应设备要求高，回收残留物较难；机械分离法可以批量生产纳米纤维素但尺寸不均匀；化学预处理结合机械分离法可制备长径比更大的纳米纤维素。第二步为水凝胶的制备，采用超声波降解法，将纳米纤维素水溶液在超声波细胞破碎机中破碎成湿凝胶。第三步为溶剂的置换，用表面张力小的溶液将水从凝胶中置换出来，防止由于溶剂的表面张力大，而使凝胶在干燥中结构破坏。第四步为湿凝胶干燥成气凝胶，即将湿凝胶中的溶剂蒸发出来，将液体用气体替换掉。

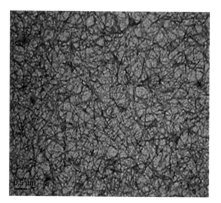

纳米纤维素 TEM 图　　　　　纳米纤维素水凝胶气凝胶的应用

气凝胶是一种结构特殊的多孔纳米材料，高孔隙率、低密度、低折射率、低热导率等许多独特的性质使得气凝胶在诸多领域具有广泛或潜在的应用前景，是极具开发潜力和研究价值的材料。

隔热材料

随着人们对外太空的兴趣逐渐增大，航天探测器的热防护是一个急需解决的问题。气凝胶满足航天航空对于轻量化材料的要求，在低密度、高孔隙率的基础上实现优异的隔热性能是不错的发展方向。

室温下，SiO_2 气凝胶的热导率达 $0.013 \sim 0.016$ W/（m·K）[静态空气的热导率 0.024 W/（m·K）]，在 800℃的高温下热导率仅为 0.043 W/（m·K），是目前隔热性能最好的固态材料，应用于科研、工业、国防等领域，还可用于建筑隔热（板材、玻璃）、衣物保暖、冰箱隔热、管道保温以及太阳能集热器。市场上 SiO_2 气凝胶隔热保温材料主要分为 3 种：纤维增强 SiO_2 气凝胶隔热毡、颗粒状 SiO_2 气凝胶、SiO_2 气凝胶透明隔热瓦。隔热毡主要用于管道和高温设备等外表面的隔热保温；颗粒状气凝胶可以用于小体积填充以提升隔热性能，如建筑用隔热透光玻璃夹层的填充；透明 SiO_2 气凝胶隔热瓦可用于替代传统玻璃。

美国航空航天（NASA）合成聚酰亚胺气凝胶常温常压下热导率仅为 0.014 W/（m·K），与相同密度的 SiO_2 气凝胶接近，而较 SiO_2 气凝胶来说又有良好的柔韧性，同时耐温性能好，热分解温度高达 600℃。绝热测试表明，当表面温度达到 1 200℃时，内部温度仅为 350℃，表明聚酰亚胺气凝胶具有良好的隔热效果，因此被 NASA 选作航天飞行器的热防护系统材料。

虽然纤维素气凝胶骨架本身的耐热性能并不高，但通过表面修饰的无机添加物可以提高纤维素气凝胶的隔热性能，将甲基三甲基硅烷加入纳米纤化纤维素水溶胶中，硅烷化的纤维素作为支架与硅聚合，得到了介孔 / 大孔的二级孔洞结构，保证了该复合气凝胶的超级隔热性能 [$\lambda \leqslant 20$ mW/（m·K）]。通过将有机气凝胶或者纤维素气凝胶碳化处理而得到的碳气凝胶可以耐更高温度，实现极端环境下隔热。将纤维素纳米晶 /Si 复合材料在氮气环境下进行 900℃热解处理，得到了 C/Si 复合材料，经过选择性的碱刻蚀 Si 处理得到碳气凝胶材料，该气凝胶材料的孔洞尺寸随着硅的含量增加而减小，孔径越小，对应的热导率越低，耐热性能更优异。低密度、高孔隙率及合适的孔径结构的碳气凝胶相比于传统的 SiO_2 气凝胶（使用温度约为 650℃）、Al_2O_3 气凝胶（使用温度约为 1 000℃），碳气凝胶在真空或者惰性气体环境使用温度可达 2 200℃，具备极其优异的耐热性能。

环保领域

随着工业化进程的加快，环境污染问题日益严重，印染工业排放的废水常常含有大量有毒、难降解的有机污染物，这类污染物使生态环境遭受严重破坏，吸附一直是处理污水的一个重要方法。气凝胶作为一种多孔材料，是一种优质的吸附材料。

聚间苯二胺（PmPDA）气凝胶对多种有机溶剂均有较好的吸附效果，且可以循环使用 10 次以上。

PmPDA 气凝胶在不同的溶剂和油中的吸附能力

溶　剂	Q/%	溶　剂	Q/%
甲苯	1 002	正己烷	837
苯	968	环己烷	951
CCl_4	1 986	乙酸乙酯	1 139
$CHCl_3$	1 769	硝基苯	1 420
乙醚	894	氯苯	1 288

石墨烯气凝胶具有优异的疏水亲油性能，能够有效地吸附和分离混合在水中的油或者有机溶剂。通过碳化冬瓜制备的疏水性的碳气凝胶，能够选择性地吸附沉淀在水下的氯仿，最后通过加热蒸发既可以回收吸附在碳气凝胶上的有机溶剂，又可以使碳气凝胶脱附后再循环利用。碳气凝胶还可作为光催化剂 BiOBr 的载体，能够提高吸附并降解水溶液中的罗丹明 B 染料的速率，与传统的粉末状光催化剂相比，这种以气凝胶为载体的光催化剂便于从水溶液中分离回收，有效避免了二次污染，为污水净化领域提供了新思路。

纤维素分子链上多羟基的作用导致纤维素气凝胶具有超亲水的性能，而通过在气凝胶表面修饰疏水基团或粒子，可以有效改善其疏水特性。疏水化细菌纤维素（BC）气凝胶的水接触角却达

碳气凝胶负载光催化剂 BiOBr 用于染料吸附

到了 137°～146°，浸渍于成本较低的硅酸钠水溶液和稀硫酸中，催化快速水解交联形成柔韧性良好 BC/SiO$_2$ 疏水性气凝胶，具有较好的油水分离能力，是一种潜在的清除海洋溢油的可回收使用的吸油材料，另外，还可经乙醇洗脱—冷冻干燥处理后重复使用。

电化学及电子领域

理想的超级电容器具有高能量密度、快速充—放电速率及超长循环使用寿命的特点，性能取决于其构筑材料，如金属氧化物、聚合物材料、碳基材料等。碳基气凝胶由于具有高比表面积、均一纳米结构、强耐腐蚀性、低电阻系数及宽密度范围等优点，被认为是制造高效高能电容器的理想材料。

石墨烯气凝胶及其复合材料具有高的电容量，且三维贯通微观结构可提供高接触面积，促进电子和电解液传输。因此，石墨烯气凝胶及其复合材料被广泛应用于超级电容器构筑研究。氮掺杂的石墨烯气凝胶 / Fe$_3$O$_4$ 复合材料用于超级电容器，与传统水热法制备的石墨烯气凝胶 / Fe$_3$O$_4$ 复合材料相比，比电容提高了153%，且循环 1 000 次后没有明显的损失。也有通过界面诱导自组装制备了分级的介孔碳包裹的大孔石墨烯气凝胶（OMC/GA），调节碳源与石墨烯气凝胶的比例可以有效控制介孔碳在水平或垂直方向的定向生长，以 OMC/GA 为电极制备的全固态超级电容器的能量密度远高于以氮/硼掺杂的石墨烯气凝胶为基础的电容器。

纤维素气凝胶本身不具备导电性能，但将凝胶或气凝胶浸泡在金属化合物水溶液中，经过化学或电化学还原，原位生成附着在纤维素骨架上的无机纳米颗粒，或是浸泡在含有导电材料的溶液中，即可得到具有电、磁功能性的复合纤维素气凝胶，并且纳米尺寸的无机功能组分对气凝胶还有一定的增强作用。以柔性纳米纤维素气凝胶为模板，将其浸泡在导电聚合物聚苯胺与掺杂剂的甲苯溶液中，得到的导电气凝胶保持了原有的孔结构而不坍塌。由于缠结的纤维素纳米长纤维组成的网络成为导电聚合物网络的模板，因此在极低的聚苯胺含量下（ < 0.1 vol%）得到较高的电导率（ 2～10 S/cm）。有科学家将亲水的纳米纤维素作为未经任何改性的疏水的 CNT 的水相分散剂，可以有效地阻止形成气凝胶时 CNT 在网络骨架中的聚集。进一步将复合气凝胶压制成膜，可作为全固态超级电容器的电极材料，其特点是 CNT 的所有表面均能与电解质离子接触，而亲水的纳米纤维素可作为电解质的纳米储库，有效降低离子的传递距离。

生物医学领域

由于纤维素气凝胶及碳气凝胶具有生物机体相容性及可生物降解等特性，因而在医学领域具有广泛用途，包括诊断剂、人造组织、人造器官及器官组件等。特别适用于药物控制释放体系，有效的药物组分可在溶胶—凝胶过程加入，也可以在干燥过程中加入，利用干燥后的气凝胶进行药物浸渍也可实现担载。气凝胶用于药物控制释放体系，可获得很高的药物担载量，并且稳定性很好，是低毒高效的胃肠外给药体系。通过控制制备条件可以获得具有特殊降解特性的气凝胶，这种气凝胶可以根据需要在生物体中稳定存在一定时间后即开始降解，并且降解产物无毒。

将物理交联的碳气凝胶（CA）浸泡在硝酸银水溶液中，利用 CA 的氧原子与金属离子的强相互作用，得到了表面均匀分布

银纳米颗粒的气凝胶。气凝胶的高比表面积也有利于提高银负载量，从而使材料具有更强的抗菌活性，在生物医药领域可以得到广泛的应用。科学家将活性化合物引入细菌纤维素的乙醇凝胶，在凝胶干燥时，由于超临界 CO_2 是活性化合物的不良溶剂，乙醇被萃取而活性化合物得以保留并均匀分布在气凝胶内。气凝胶负载的活性化合物的释放行为与负载量无关，但可以通过改变气凝胶厚度进行调节。由于材料尺寸稳定性好，在完成释放后，可以重新载药再利用。

功能化的石墨烯基材料具有很好的生物相容性和环境适应性，能够在血浆等环境下稳定分散，并且拥有酸碱敏感性，有利于药物的选择性释放。石墨烯 / PVA 气凝胶具有良好的生物相容性及酸碱敏感性，在酸性介质中可形成凝胶，碱性环境下则经历凝胶—溶胶的转变。因此可通过控制酸碱实现药物的选择性释放。以维生素 B_{12} 作为示例药物验证石墨烯 / PVA 复合材料的选择性释放作用。在磷酸缓冲液中（pH=7.4），84% 的维生素 B_{12} 被释放，而在酸性溶液中（pH=1.7），只有 51% 的维生素 B_{12} 被释放。这是由于在酸性环境下，石墨烯限制了内部分子的释放。一些药物在酸性介质中释放会引起胃部不适，因此这种石墨烯 / PVA 复合材料可应用于在肠中（pH=6.8～7.4）运输药物，而不会使药物在胃液（pH=1～2）中大量释放。

气凝胶从最初的二氧化硅气凝胶发展到功能性更强的碳系气凝胶，经过几十年发展，制备方法也越来越多样，对材料的选择也趋于多种类。这使得气凝胶也向着密度更低、功能更强的方向发展。然而其复杂的干燥方法和脆弱的质地极大地限制了它的广泛应用。研究人员正在积极探索，利用有机—无机杂化的方式制备耐久性好的气凝胶，通过选择气凝胶的物质组成改进制备气凝胶的干燥方法，取得了许多可喜的进展。尽管如此，气凝胶的大规模实际应用仍有很长的路要走，简化气凝胶干燥方法，强化气凝胶力学性能，对气凝胶进行功能化仍将是研究人员不懈努力的方向。

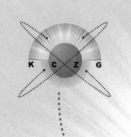

多孔金属—有机框架材料

——多孔材料的明日之星

什么是金属—有机框架材料

在过去几年里，在一些箱式送货车和小汽车里藏着一个大秘密：燃料箱被一种独特的晶体材料所充满，材料上面布满了直径约 1 nm 的小孔。这些孔里面整齐地富集着甲烷分子，它们为货车的内燃机提供燃料。这些奶酪般的晶体就是金属—有机框架（Metal-Organic Frameworks，简称 MOF）。

MOF 材料，也被称为配位聚合物或者有机—无机杂化材料，是一种发展迅猛的晶体多孔材料。它是由含氧、氮的多齿有机配体与金属原子或金属原子簇以配位共价键相连接，自组装形成的具有周期性网络结构的类沸石材料。

与传统的多孔材料相比，MOF 材料具有显著的优势，例如：具有较高的孔隙率和较大的比表面积；可在有机配体中引入一些基团如—NH_2，—OC_5H_{11} 等进行表面修饰；配位不饱和金属位对小分子的吸附具有较大的活性；具有较高的热稳定性和化学稳定性。MOF 材料的孔隙率高、比表面积大、密度低、结晶度高、结构均一、孔道尺寸和化学结构可控性强，是继碳纳米管、活性炭之外的一种多孔功能材料。在 MOF 材料中，由于有机配体和金属离子或团簇的排列具有明显的方向性，可以形成不同的框架孔隙结构，从而能够表现出不同的吸附性能、光学性能、电磁学

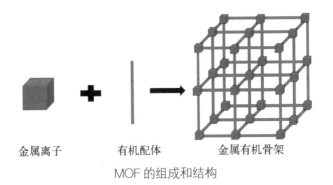

金属离子　　　　有机配体　　　　金属有机骨架

MOF 的组成和结构

性能等，已被广泛应用于气体吸附、分离，多相催化反应和光电磁性，药物缓释和传感器等方面。

金属—有机框架材料的分类

使用不同的金属离子与有机配体进行络合，可以制备出不同化学性质和孔道结构的 MOF 材料。按照合成的有机配体以及拓扑结构，MOF 材料主要分为以下几类。

拓扑（Topology）是将各种物体的位置表示成抽象位置。在网络中，拓扑形象地描述了网络的安排和配置，包括各种结点和结点的相互关系。拓扑不关心事物的细节，也不在乎相互的比例关系，只将讨论范围内的事物之间的相互关系表示出来。

配体为羧酸的金属—有机框架材料

羧酸类配体是由含 2～3 个苯环相连组成含羧酸基团的有机配体，它具有氢键等非价键弱作用力，是 MOF 材料最为常用的有机配体。目前合成 MOF 材料使用的羧基配体主要有：苯二甲酸（邻，间，对）、均苯四甲酸、苯三甲酸（均，偏）、联苯二酸等。含羧基配体的 MOF 材料主要分为以下系列。

网状金属—有机框架系列材料　网状金属—有机框架（Isoreticular Metal-Organic Frameworks，简称 IRMOF）系列材料是指由 $[Zn_4O]^{6+}$ 基团与不同的羧酸配体以八面体的形式桥联形成的晶体，是早期具有代表性的材料之一。其中最典型的是 MOF-5（IRMOF-1），该材料是采用水热合成的方式，由提供无机金属的 $Zn(NO_3)_2 \cdot 4H_2O$ 与作为有机配体的对苯二甲酸在 N，

N'-二乙基甲酰胺（DEF）溶剂中反应得到，合成的温度条件为85～105℃。MOF-5为立方型晶体，结构式为OZn_4（R_1-BDC，R_1=H），其中R基团是可以进行修饰改变的。Yaghi等采用以八面体结构的［Zn_4O（CO_2）$_6$］团簇为基本单元，再接上不同配体，从而也得到一系列具有相同的基础骨架拓扑结构、不同孔径尺寸的多孔骨架材料（IRMOF-n，n=1～16）。

除了修改有机配体外，还可以通过控制羧酸配体的长度，对IRMOF系列的孔道大小进行调节控制，这也是MOF材料与传统无机多孔材料相比所具有的一大优势。总的来看，IRMOF系列材料的结构可以看作是由次级结构单元和有机配体这两部分自组装形成，通过改变材料中的官能团结构可以得到相应的性质，从而能够将其应用到催化、储气等不同领域。

小贴士

次级结构单元（SBUs, secondary building units）：在用一组节点（簇）来代替一个节点的装饰过程中，这组节点（簇）称为一个次级结构单元。

具有孔笼—孔道结构系列材料　具有孔笼—孔道（pocket-channel）结构的材料是另一类具有代表性的MOF材料。其中一种

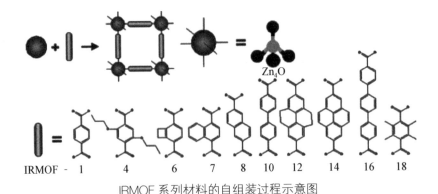

IRMOF系列材料的自组装过程示意图

MOF-5 的结构示意图

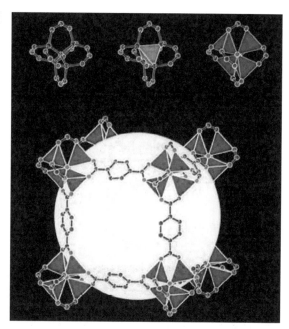

典型材料是由 Williams 等人合成的 $[Cu_3(TMA)_2-(H_2O)_3]_n$（也称作 Cu-BTC 或 HKUST-1）。该材料是由提供无机金属 Cu 的硝酸铜溶液与作为有机配体的间—苯三甲酸 180℃下在乙二醇/水的混合溶液中反应 12 h 获得的。Cu-BTC 的孔道是由二级结构单元相互连接形成的，孔道结构为正方形，尺寸约为 9.5 Å，BET 比表面积可以达到 692.2 m^2/g。其二级单元结构中，六个金属中心和四个有机配体连接形成了一个网兜结构，网兜相通便形成了 Cu-BTC 材料的"孔笼—孔道"结构。通常情况下，金属 Cu 上的配位不饱和位置会被水分子占据，只有在加热的情况下，水分子脱除，配位不饱和位置才会裸露出来，所以应用 Cu-BTC 材料时尤其要注意水分子对材料性能的影响。对于 Cu-BTC 材料，改变有机配体的类型，可以形成多种不同的 MOF 材料，并且由于配体长度与大小的不同，形成的孔笼—孔道结构的尺寸也是不同的。

多孔协调网络（Porous Coordination Networks，简称 PCN）系列材料是另外一种典型"孔笼—孔道"结构材料。PCN 系列材

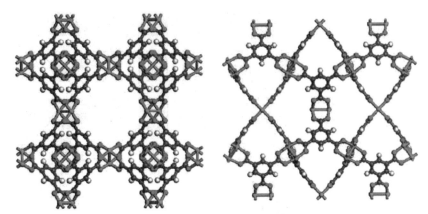

Cu-BTC 的拓扑结构［100］和其二级单元结构［碳（灰色），氢（白色），氧（红色），铜（橙色）］

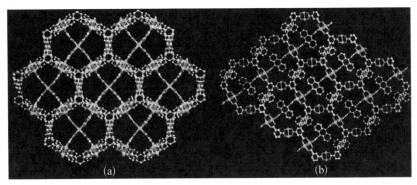

PCN-14（a）［211］和（b）［100］方向的三维骨架图形

料中以 PCN-6 和 MOF-HTB 最为典型，这两种材料与 Cu-BTC 的拓扑结构类似，是由提供 Cu 的 Cu（NO_3）$_2$·2.5H_2O 溶液分别与 4，4′，4″-（1，3，5-三嗪-2，4，6-三基）三-苯甲酸（H_3TATB）和 S-七嗪三硼酸盐（HTB）有机配体，在 75℃ 下反应 48 h 获得的。

　　拉瓦锡研究所系列材料　拉瓦锡研究所（Materials of Institute Lavoisier，简称 MIL）系列材料是法国科学院院士 Férey（法国凡尔赛大学）课题组报道的一类非常著名的 MOF 材料。该系列材料主要是由铝和铬、铁、钒等三价金属和四价金属与一些简单的有机配体如对苯二甲酸、均苯三甲酸等采用水热合成法，在高温高压条件下合成的。由于结构中节点为高价金属，因此，这类材料通常具有较高的化学稳定性，尤其是水稳定性。

MIL-53材料是MIL系列材料中研究最多的一种典型材料。它是由金属铬、锰、铝、铁、镓和铟等三价金属与对苯二甲酸系列配体桥连形成的具有一维菱形孔道结构的多孔材料。MIL-53系列材料最为特殊之处在于其柔性骨架结构可以发生大幅度的可逆形变，即在外部物理和化学刺激下，其菱形三维骨架结构很容易从大孔结构状态转变为窄孔结构状态，晶胞体积减少40%左右。去掉外界刺激条件之后，骨架结构能够由窄孔结构可逆地恢复成初始的大孔状态，这个独特的现象被称为"呼吸"效应。这种现象的出现是因为水分子通过氢键与骨架相连，与极性分子作用时，产生很强的静电力造成的。实验结果表明，这种现象有利于材料对CO_2的选择性吸附。

MIL-101材料是MIL系列材料的又一代表性材料，该材料是由九水合硝酸铬与对苯二甲酸按照1:1的质量比溶于水中，在氢氟酸存在的酸环境下水热合成的。无机铬三聚物和对苯二甲酸组合形成一个较大的四面体结构，无机铬三聚物占据四面体的四个顶点，对苯二甲酸在四面体的边上，这些大的四面体结构通过氧原子

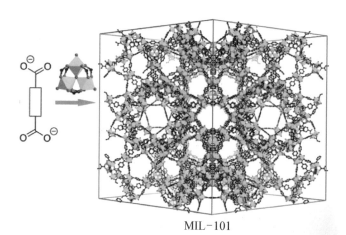

MIL-101

MIL-101的形成过程（其中绿松石多面体表示Cr，红色圆球表示O，黑色表示C）

的连接形成介孔笼型结构（大孔孔径在 $3.0 \times 10^{-9} \sim 3.4 \times 10^{-9}\,m$），具有较小的骨架密度和极大的比表面积，在气体储存、吸附分离、工业催化、药物控释等方面具有显著的优势。

奥斯陆大学系列材料　奥斯陆大学（University of Oslo，简称 UiO）系列材料是近年发展起来的由奥斯陆大学的 Lillerud 研究组首先报道的一类基于四价金属锆的超稳定 MOF 材料。UiO 系列材料最典型的代表是 UiO-66。UiO-66 以含四价金属锆的正八面体 $[Zr_6O_4(OH)_4]$ 次级结构单元作为无机节点，与 12 个对苯二甲酸（BDC）有机配体相连，构成一种三维复杂的对称笼型结构，该结构含有一个八面体中心孔笼和八个四面体角笼。由于较大的 UiO-66 无机节点链接数和较强的 Zr—O 键合力，UiO-66（Zr）材料具有非常高的化学稳定性和热稳定性。研究表明，UiO-66 能够在 500℃ 高温下稳定存在，并且可以在多种化学溶液（尤其是水和酸溶液）中保持结构的稳定，因此 UiO-66 在吸附分离和多相催化领域引起了研究者广泛研究。通过采用功能化或不同长度的配体来调控其孔道表面化学特性及孔尺寸，可以形成 UiO 系列不同的材料。另外，由于 MOF 结构在化学反应条件下的稳定性不佳，通常会采用一些合成后改性方法

材料的 UiO-66 晶体结构：（a）八面体孔笼，（b）四面体孔笼

来对 UiO-66（Zr）系列材料孔道化学环境进行修饰。除了简单的直线型羧酸配体外，一些四齿和三齿羧酸类配体也成功用于锆的 MOF 的合成，这些新型 MOF 不仅具有独特的拓扑结构，而且保持了优异的稳定性，典型的材料有 PCN-222、PCN-225、NU-1000、MOF-525 等。

配体为含氮杂环的金属—有机框架材料

金属—有机框架材料中主要用到的含氮杂环有联吡啶、咪唑等。比较有代表性的 MOF 通常是杂环与过渡金属（Co、Zn、Ni 等）构成的沸石咪唑酯骨架材料和具有层状结构的配位聚合物等。

沸石咪唑酯骨架系列材料 沸石咪唑酯骨架材料（ZeoliticImidazolate Frameworks，简称 ZIF）是利用 Zn（II）或 Co（II）与咪唑配体（IMs）进行配位反应合成出来的具有不同沸石拓扑结构的类分子筛咪唑配位聚合物。在合成过程中 Zn、Co 等过渡金属离子取代硅铝酸盐材料中的 Si 或 Al 金属，而硅铝酸盐四面体结构中的氧原子则被咪唑及其衍生物所取代。ZIF 系列材料最具代表性的是 ZIF-8，由于其具有较高的化学稳定性，且合成方法简单，原料成本低廉，使得 ZIF-8 成为最具代表性的 MOF 之一。

不同于 IRMOF 的是，ZIF 不仅可以改变有机配体部分的基团，也可以根据几种典型的硅铝分子筛结构，来构成不同的拓扑结构类型的 MOF，并且较其他沸石材料有更多的选择性和适用性。ZIF 材料结构中，有机咪唑类配体的 N 原子与过渡

0.2 μm

ZIF-8 的透射电子显微镜图

119

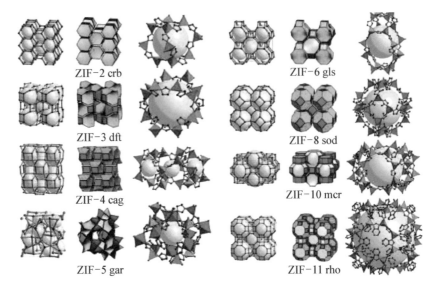

ZIF-2 crb				ZIF-6 gls	
ZIF-3 dft				ZIF-8 sod	
ZIF-4 cag				ZIF-10 mcr	
ZIF-5 gar				ZIF-11 rho	

ZIF 系列化合物的晶体结构［用棍棒（左边）和瓷砖（中间）两种形式展示］

金属以四配位方式相互相连，构成非常稳定的网格状骨架结构，所以 ZIF 系列材料具有非常优异的化学稳定性和热稳定性，特别是水稳定性。

具有层状结构的配位聚合物系列材料　具有层状结构的配位聚合物（Coordination Polymer with Pillared Layer Structure，简称 CPL）系列材料的金属中心是六配位，有机配体是吡嗪类羧酸和线性二齿有机物，改变有机配体的类型可以合成不同多样的 CPL 系列材料。CPL-1 由六水合高氯酸铜和吡嗪二甲酸钠（Na_2pzdc）水热反应得到。骨架的形成过程是金属的四个配位键与吡嗪类羧酸相连形成二维平面结构，线性二齿有机物与另外的两个配位键配位结合，两部分相连接便形成了 CPL 系列材料特有的层状结构。

含混合配体的金属—有机框架材料

除了单一配体类型外，为了提高 MOF 材料的性能，人们又尝试通过混合不同的配体制备杂化的 MOF 材料。Thompson 等将

ZIF-7、ZIF-8 和 ZIF-90 的有机配体按照不同配比进行添加混合，优化合成条件，得到一组 ZIF-7-8 和 ZIF-8-90 杂化 MOF 材料。

金属—有机框架材料的合成方法

MOF 材料有着很大的潜在应用价值，人们对 MOF 材料的合成越来越重视，如何合成具有新性质、宏观结构或者特定物理形貌的 MOF 材料成为近年来研究的热点。溶剂热法是最经典也是使用最频繁的方法，但是反应时间较长，产物不纯。近年来报道了扩散法、离子热合成法、超声合成法、电化学合成法等新方法，与溶剂热法相比，这几种新方法成功地缩短了反应时间。

溶剂热法

溶剂热法属于密闭容器中的湿化学方法。该合成方法的具体的过程是：选择水或甲醇等有机物为溶剂，将金属盐、有机配体、有机溶剂等反应物加入到聚四氟乙烯内衬的不锈钢高压反应釜中，混合均匀，选定温度（一般是 $100\sim300\,^\circ\!\mathrm{C}$），密闭反应中溶液产生自身压力，维持一段时间后，得到 MOF 材料的晶体。实验过程一般采用高沸点的极性溶剂，例如：乙腈、二甲基亚砜、二烃基甲酰胺或者水。反应过程中的温度、金属盐和有机配体在溶剂中的浓度、溶液的 pH 对合成

不锈钢高压反应釜（左），聚四氟乙烯内衬（右）

MOF 材料有着重要的影响。因为合成晶体的结晶度高，晶形完美，所以人们大都采用此法来合成 MOF 材料。许多经典 MOF 如 UiO、IRMOF、PCN、ZIF 和一些 MIL 都是采用溶剂热方法合成的。

扩散法

扩散法是常见的晶体合成方法，是依靠气体、液体或凝胶物质在常温下的扩散作用进行的，适用于反应混合物溶解性较差的 MOF 材料。该方法具有晶体纯度高，合成过程中对设备要求低、反应条件温和、操作简单等优点。常见的扩散方法主要包括液—液扩散、蒸汽扩散和凝胶扩散等。液—液扩散是指把金属盐与有机配体分别溶解在两种不相容的溶剂中，然后把一种溶液加到另一种溶液的上面，使液体慢慢扩散，最后晶体在两种液体界面间析出。蒸汽扩散是指把金属盐和有机配体溶解在一种良溶剂中，而另一种易挥发的不良溶剂或助剂（如有机胺）扩散到同一个密闭环境中的良溶剂反应体系，随着易挥发溶剂的不断挥发，生成的反应产物就会慢慢达到饱和，最后得到所要的晶体。凝胶扩散法是指将反应物（金属盐或者有机配体）中的一种溶解在一种溶剂中，而其他的反应物放置于凝胶中或凝胶隔离的另一种溶剂中，不同相之间的组分通过凝胶的孔结构时，因受限制而慢慢扩散形成单晶。

扩散合成方法适于合成要求不苛刻的材料，并且由于反应原材料与溶剂不是全面接触的，故合成的 MOF 材料较为纯正，质量较好。但由于是以常温下的扩散作用为推动力，不仅要求反应时长较长，而且对反应物在溶剂中的溶解性也有很高的要求。

离子热合成法

离子液体（ILs）是近年来出现的一种具有高溶解度、低蒸汽压、高极性、高热稳定性的新型绿色溶剂，在合成无机材料方面有着广泛的应用。离子热合成法就是以离子液体作为溶剂或者模板来进行材料合成。与传统的水热和溶剂热比较，其优点是离子热反应发生在常压下，在一定程度上避免了溶剂自生压带来的安全问题。除了离子液体本身的极性非常适合溶解各种类型的无机盐之外，咪唑鎓盐或季铵盐构建的 ILs 类似于有机阳离子，在用溶剂热合成分子筛过程中也被用作模板或者结构导向剂。离子液体为晶体晶化提供了完全崭新的离子环境，作为溶剂和模板剂，可减少因挥发而产生的环境污染问题，因此离子热合成法也被应用于合成 MOF 材料。但由于目前合成得到的样品结晶度低，离子液体成本较常规溶剂高，目前应用并不广泛。

超声合成法

超声合成法是另外一种可以替代传统溶剂热法合成 MOF 材料的方法。超声合成方法的原理主要是反应溶剂在超声波中会不断产生大量的气泡，气泡生长破裂，形成声波空穴，在声波空穴中通过产生的 5 000 K 的局部温度和 1 000 个标准大气压的压力能够提高反应物的活性，最终达到合成 MOF 晶体的效果。通过超声法合成的材料晶粒均匀、晶体颗粒较小，并且与传统的溶剂热法相比，超声合成法可以在更短的时间里合成高质量的配位聚合物。例如：晶体尺寸在 5～25 μm 大小的高质量的 MOF-5 材料以超声合成的方法已经合成，合成时间大约为 30 min（溶剂热法合成时间大约 24 h），大大减少了合成时间。

电化学合成法

电化学合成法就是在外加电场作用下，金属电极随着反应的进行不断溶解形成金属阳离子而进入电解质溶液，与电解质溶液中的有机配体反应配位形成 MOF 材料。电化学合成法最初合

成的是基于铜电极的 MOF 材料 [$Cu_3(BTC)_2$]，随着研究的不断进展，出现了一系列不同的金属电极（Al、Zn、Fe）制备的 MOF 材料。与传统的合成方法相比，电化学合成方法有其独特的优势：（1）节能，一般室温反应无须加热；（2）节时，反应速度快，大部分能在 1 h 内完成；（3）节约资源，有机配体基本可以 100% 利用；（4）无金属盐，因此溶剂中无阴离子产生；（5）可实现连续生产。电化学合成法一般在无毒溶剂乙醇和水中进行，合成反应时间短，一般从几秒到几分钟，可以制备出高质量的 MOF 薄膜。

金属—有机框架材料的应用

金属—有机框架材料因其特殊的性能而被应用于多个化工行业，如电化学、气体吸附与分离、发光材料、催化反应、磁性材料以及药物控释等领域。

电化学方面的应用

目前电化学最重要的应用体现在新型能源（超级电容器、蓄电池、燃料电池）中储能和能量转化、电催化中氧化还原降解有毒化合物，高的电化学电位抑制材料的腐蚀等。过去由于大多数 MOF 材料的电导性很差，因此很难在电极材料和电催化反应过程中得到应用。但随着提高电导性的发展，目前 MOF 材料当作电极材料已被广泛应用在可再充电池的制备中。

在超级电容器中的应用 电化学双电层电容器（EDLCs）具有高的功率密度和优越的循环寿命，在间歇性可再生能源的大规模部署、智能电网和电动汽车中充当重要角色，为重要的电能储存技术之一。电容量、充放电速率分别与材料的表面积、导电性成正相关，因此，以活性炭、碳纳米管和交联多孔石墨烯等为代

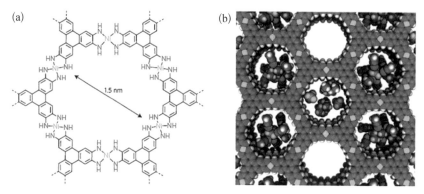

（a）Ni$_3$（HITP）$_2$的分子结构，（b）理想的Ni$_3$（HITP）$_2$空间填充图，显示了细孔、电解质Et$_4$N$^+$和BF$_4^-$、乙腈溶剂分子的相对大小（绿色、绿黄色、蓝色、灰色、棕色和白色小球分别代表Ni、F、N、C、B和H原子）

表的多孔碳材料常广泛用于EDLCs的电极材料。常规的MOF具有很高的孔隙率，比表面积高达7 000 m^2/g，远远超过活性炭，有希望挑战碳材料在EDLCs中的地位，然而由于MOF较差的导电性，也限制了其发展。

美国麻省理工学院MirceaDincǎ教授课题组制备出具有高导电性的Ni$_3$（2，3，6，7，10，11-六胺三亚苯）$_2$［Ni$_3$（HITP）$_2$］，并第一次全部采用这种纯MOF作为电极材料（不添加导电剂和黏结剂）用于EDLCs。该MOF基器件表现出比绝大部分碳基材料更高的面积容量，10 000次循环后容量保持率高于90%，媲美商业化器件。

在可再充电池中的应用　可反复充电的锂离子电池是当今发展较快的电能—化学能转换装置，被广泛应用在当今社会的各种便携式电子设备中。G. Feréy等成功地合成了可再充锂离子的MOF电极材料，他们认为氧化态更高、价层电子较少的V^{III}、Cr^{III}和Fe^{III}等过渡态金属阳离子可形成更强的M—O键，在锂离子的可逆嵌入/释放过程中，材料可以保持很好的稳定性。同时，混合价态的金属可以使电子发生大范围的电子离域，这有利于电子的储存和释放。

在电化学催化中的应用　工业经济的高速发展带来的是化

石能源过度消耗、环境污染加重。寻求可再生、清洁能源是现代科技和人类可持续发展的一个重大问题。氢气作为最清洁绿色能源得到了人们的关注。目前电解制氢和裂解制氢是最广泛有效的方法，然而电解制氢消耗大量的电能，而裂解制氢又不纯，常混有大量的 CO 气体。因此，酸性或者碱性电解质情况下的析氢反应（HER）和有效的电催化电极材料对于未来电解水制氢尤为重要。

杂多酸聚合物（POMs）是由杂原子和高价态的过渡金属按一定的结构通过氧原子配位桥联组成的一类含氧多酸化合物，具有很高的催化活性。目前 POMs 在一些硝酸盐还原、H_2O_2 辅助氧化反应、O_2 的还原反应等电催化反应中发挥重要的作用。不足之处是随着反应进行，POMs 会从电极上脱落，降低电催化效能。POMs 可以作为模板包裹在有机配体与过渡金属形成的网络孔道中，也可以作为配体与有机配体一起形成杂多酸配位聚合物（POMOF）。目前一系列的以 POMs 为连接单元的 POMOF 材料已经被合成出来，并且在 pH=1 条件下发生的 HER 电催化反应过程中展现出了可观的一面，降低了电解池的电压，节省了能源，这也促进了更多的 MOF 电极材料在电催化或电光催化制氢中的广泛应用。

在抑制腐蚀中的应用　在化学工业中，化学清洗和酸浸是化工中必不可少的步骤，因此一个耐用的反应单元必须具备化学稳定的保护层，而金属表面的氧化层通常被用来避免和延缓金属的腐蚀与损失，其中一些含 N、P、S 等杂原子的有机分子对很多金属合金具有防腐功能，相关的一些配位聚合物也被作为抑制腐蚀的目标化合物。此外，拥有杂环配体的 MOF 材料在腐蚀抑制方面得到了极大的关注。2011 年，S. H. Etaiw 等合成了（AgCN）$_4$·（qox）$_2$MOF 材料，并用其考察碳钢在 1 mol/L HCl 中的腐蚀抑制情况。实验结果表明，有机配体中的含 N 原子基团可以使其很轻松地吸附在金属表面，改变了碳钢的表面属性，避免盐酸分子对金属的腐蚀。

气体吸附分离方面的应用

随着社会的发展，气体分离和存储越来越被重视，尤其是氢气、甲烷等燃料气体和引起温室效应的二氧化碳气体。气体分离常见工业方法主要有低温储存，或基于材料的吸附分离技术。目前常用于吸附分离的材料主要有沸石、活性炭、分子筛、碳纳米管等，这些材料多为多孔材料，具有较大的比表面积或有较强的作用力来进行气体的分离。MOF材料的孔道结构稳定、可调，气体可以进入孔道中，并且不同气体进入孔道后，与骨架材料的结构和作用力大小会有不同，故MOF材料作为多孔吸附剂在气体的吸附分离方面有很好的应用前景，目前该材料的大部分应用也集中在这一方面。

MOF材料对气体的储存是物理吸附过程，并且吸附效果与吸附质的接触面积大小有关，故吸附量受比表面积大小和温度高低的影响。MOF材料的储氢方面有代表性的是Yaghi实验组，2003年，该实验组研究了MOF-5的储氢效果，结果表明，在室温2 000 kPa压力下，MOF-5吸附氢气的质量分数可达4.5%，含有环丁基苯的IRMOF-6和含有萘基团的IRMOF-8的氢气量在室温1 000 kPa压力下可达到MOF-5的两倍。MOF材料对不同气体的吸附程度和吸附能力都各有差异，因此，MOF材料可以用于气体的分离。Sunrr研究组研究了MOF-5对二氧化碳的吸附特性时，发现MOF材料与二氧化碳的静电作用会使二氧化碳的吸附过程产生阶梯现象。MOF材料具有非常高的分离效率，有课题组利用稳定的MOF材料MOF-5和$Cu_3(BTC)_2$来分离CO_2/CH_4和CH_4/N_2等混合气体。对于不同比例的混合气体，MOF-5、$Cu_3(BTC)_2$这两种MOF材料都对CO_2/CH_4混合气体（40%/60%）表现出更强的分离效率。

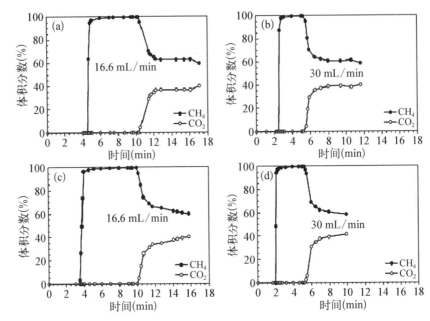

不同流速下对 CO_2/CH_4 混合气体的分离效果：(a)，(b)MOF-5；(c)，(d)Cu₃(BTC)₂晶体

发光材料方面的应用

　　MOF 材料结构的可预测性为人们设计合成特定发光性质的固态发光材料提供了一个很好的平台。MOF 材料的稳定结构能保证发光材料的生色团在晶体状态下不会造成衰变。例如，羧酸配体与 Zn、Cd 的一些金属簇配位后形成的 MOF 材料就可以展现出完美的发光性质。MOF 材料不仅能防止发光团的聚集而荧光淬灭，而且可以使分子转动，而不发光的分子由于配位后的结构冻结而发光或荧光变强。同时含有两种或者三种镧系元素的 MOF 材料可以发射出独特的近红外光，如 ErxYb1-x-PVDC-1、[Yb₂(pvdc)₃(H₂O)₂]·(dmf)₆(H₂O)₈.₅可以发射出一种看似条形码状的识别光谱，掺杂的 Er_xYb_1-x-PVDC-1 化合物随 Yb 原子被 Er 原子替代，可以调节它的发射光谱的波长。

催化反应方面的应用

MOF 材料作为催化剂可以应用于多种反应，如（环）氧化、开环、碳碳键的形成断裂，加成、消去、脱氢／加氢、异构化、低聚和光催化等。Corma 等研究了材料 MIL－100（Fe）对氧化反应的催化影响，证明材料孔径对催化作用有很大的影响。MOF－5 作为烷氧基化催化剂，可以大大促进反应的进行，可广泛应用于环氧丙烷和多羟基化合物的合成反应。除此之外，手性MOF 材料在手性催化反应方面也有很好的应用。

磁性材料方面的应用

金属离子在的 MOF 结构中倾向于形成金属簇，如具有磁性的 Co（Ⅱ）可以形成单核、双核、三核、四核直至七核的多金属簇结构，这些 M—O—M 金属簇中金属中心之间的距离在磁性相互作用距离之内，因此金属簇中的金属离子可以发生磁性相互作用。而不同结构的金属簇，其所展现出的磁性相互作用也是大不相同的。MOF 的结构随着孔洞中交换不同的客体分子会发生变化，因此，实现了通过变化客体分子来调节磁体的临界温度。同时，MOF 具有多孔柔性结构，也可通过调节溶剂分子来调节MOF 的磁性。王哲明等报道了一种具有三维孔道的磁体 MOF 材料［Mn（HCOO）$_6$］，该 MOF 的结构是具有一维管状孔洞的金刚石结构，具有高稳定性和较高的柔性。

药物载体方面的应用

金属—有机框架材料功能多样化，生物不相斥，可担载药物量较大，作为药物的载体被广泛应用。2006 年，法国某研究小组首次将 MIL－100 和 MIL－101 作为药物布洛芬的载体。可

是，此金属有机框架材料的金属中心为 Cr，应用范围受到极大限制。两年后，该小组又把 MIL-53(Cr, Fe) 作为布洛芬药物载体，研究表明，这种新型的载体可吸附 20%（质量分数）的布洛芬，药物负载性能大大提高。

纳米级 MOF 材料不仅能够在生命体中有效地运输药物，还可以增强药代动力学性能药代动力学性能。林文彬研究小组制备出了以铽为金属中心的 MOF 纳米材料 NCP-1，将 NCP-1 外层包覆无机硅，再与环肽连接。在临床应用中，NCP-1 可以对抗癌药物的缓释作用进行控制。

金属——有机框架材料的未来

各种 MOF 材料被应用于在电化学、气体吸附、发光材料、催化反应、磁性材料、药物载体等领域。随着 MOF 材料种类的日渐庞大，复合 MOF 材料成为研究热点，MOF 材料将会在更多领域中发挥其优势。在电化学方面，导电 MOF 材料的合成对于可再充电池、超级电容器、电催化以及抑制腐蚀等领域的应用都有着重大的意义。在环境应用方面，更大比表面积和孔容的 MOF 材料可以吸附和分离污染性气体，存储能源类气体。其中，具有磁性的 MOF 材料还可以吸附分离水体中的重金属离子，净化水资源。在工业应用方面，MOF 材料可以作为催化剂提高工业反应的催化效率。在生物医学方面，MOF 纳米材料可以实时监测活细胞中药物的缓释与代谢以及生命体活动，有利于人们了解生物体内的重要生命活动、调控蛋白质的激活机制和重大疾病相关的蛋白质调控通路等。总之，发展功能多样化的 MOF 以及复合 MOF 材料，并将它们应用于不同领域，将极大地促进学科间的相互发展。MOF 材料将成为多孔材料的明日之星。

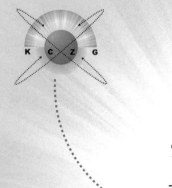

共价有机框架材料
——堆砌有机分子的游戏

有机多孔高分子

21世纪，多孔材料的发展迎来了一个多姿多彩的时代，前面已介绍了许多无机或是有机/无机杂化的多孔材料，例如多孔碳、介孔硅、分子筛、金属—有机框架（MOF）等，这里将向大家介绍一个有机多孔材料中的"明星"——共价有机框架（Covalent Organic Framework，简称COF）。有机多孔高分子是由碳、氢、氧、氮、硼等非金属元素通过共价键连接而构成一类多孔材料，最早的有机多孔高分子材料要追溯到20世纪70年代由Davankov等报道的超交联聚苯乙烯树脂，这是一种用线性或低交联的聚苯乙烯通过傅-克反应（Friedel-Crafts）而获得的高密度交联聚合物；由于网络结构非常密集，因此，当把结构内部的溶剂分子抽离出后，分子链段不会坍塌而保持住了多孔结构，这种孔径通常小于2 nm，比表面积可以达到1 000 m²/g以上，不过这是一种无定型结构的微孔有机高分子，它也和其他无机多孔材料一样，展示了非常稳定的理化性质和孔结构，并且可以根据合成方法和体系，获得形态尺寸可控的多种形式的有机多孔材料。英国卡迪夫大学Neil B. McKeown课题组开发了一种新型的微孔材料，称之为内在微孔高分子（Polymers of Intrinsic Microporosity，PIM），这是一种全新的合成多孔材料的概念。不同于以往的超交联多孔聚合物，PIM具有类似传统高分子的线性结构，主链上基本是由芳香化合物连接而成，因此主链旋转的自由度较低，显示了较大的分子刚性，另一个特点就是使用了空间构型具有螺旋特点的重复单元，因此，沿着主链的分子走向有许多个转折。这样一根刚性的、多转折的高分子链不存在多孔性，但是将此类高分子聚集起来，刚性、扭曲的高分子链无法完全有效地堆叠在一起，因此留下了分子链间的空隙，再把其中的溶剂分子抽离后，可以稳定地保持住孔道结构。这个例子不仅很好说明了合理调控线性结构也能获得稳定的微孔结构，而且也暗示了开发新型的高分子构型能够创造出新一代的有机多孔高分子材料。对于 PIM 材料来说，它最大的特点就是线性高分子链具有很好的溶解性，这样可通过溶液加工来获得微孔高分子薄膜，展现出了在气体分离方面的重要使用价值。但是，不得不说的是，尽管此类材料开辟了高分子设计制备有机多孔材料的新思路，但是孔径偏小（＜1 nm），孔径分布宽，孔性质会受到制备方法的影响。因此，合成可控、有序的有机多孔材料一直是该领域发展的一个重点，但是在高分子聚合中要同时实现高分子的有序排列来提供规则的孔道，这个难度非常大。2005 年，当时还在加州大学洛杉矶分校的 Omar Yaghi 课题组报道了第一例结晶性的有机多孔材料——共价有机框架，从此开辟了一个全新的研究领域，它的意义不只是发展了一类新型的有机多孔材料，而是创造了一类全新结构的高分子种类，同时也对高分子分析表征的研究方法提出了新的挑战。

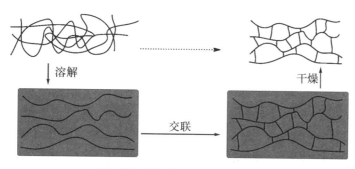

超交联聚合物的制备和结构模型

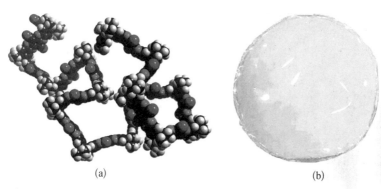

(a)　　　　　　　　　　　　　　(b)

（a）内在微孔高分子的分子结构模型，（b）用 PIM 做成的薄膜材料

什么是共价有机框架

　　共价有机框架是一种通过共价键连接的、多孔、结晶性网状高分子。根据拓扑结构可以将 COF 分为二维平面结构和三维网状结构。二维 COF 在平面内是由大环分子为单元进行长程有序的周期性分布，在平面间则是二维延伸的高分子通过完全重叠的形式进行有序堆叠，从而形成了类似蜂窝状的 COF 结构，其中蜂窝的框架就是 COF 聚合物，而在蜂窝上密密麻麻分布了一维形式的孔通道，它们的分布状态、孔道形态和孔径都是均一有序的。这让我们很容易想起无机形式的结晶多孔材料，一样展现了高度有序的孔性质。需要强调的是，COF 的结构、组成和功能性完全可以通过设计单体的功能基团、分子构型、分子尺寸来实现，这种策略常称之为"由下至上"的合成方法，在高分子设计和制备中经常使用。三维形式的 COF 结构，具有更加复杂的拓扑结晶结构，相比于二维 COF，聚合物框架的发展并不是仅局限在二维平面内，而是在三维方向上延展，因此形成了更加复杂的孔道有序性。

　　无论怎样的拓扑结构，可逆的化学反应是合成这种高度有序

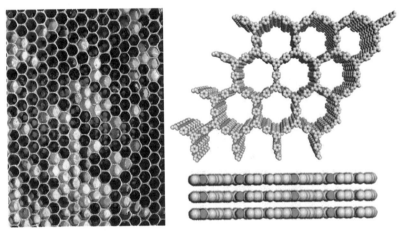

类似于蜂窝结构的二维 COF 分子模型

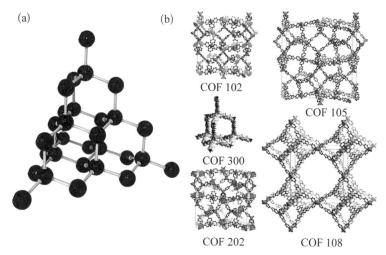

类似金刚石结构的三维 COF 模型

结晶结构的基础。可逆化学反应是在相同条件下同时向正、逆两个方向进行的反应，但是一般会通过条件的控制使这个平衡反应朝着生成聚合物的方向进行。在反应初期就会较快形成不同分子结构、分子量的聚合产物，但是要使它们结晶，则需要通过可逆的平衡反应，使单体间形成的共价键反复断裂再连接，这个过程促使了聚合物逐步朝着热力学稳定的结构发展，最终在聚合物内部获得高度有序的结晶结构，因此这个过程通常需要较长的反应时间。绝大多数已报道的 COF 材料都是多晶形式的粉末，还无法得到非常纯净的单晶，这说明了在技术上还是很难控制有机聚合物生长成非常完美的晶体，而这也正是目前 COF 材料发展的重要方向之一。

怎样构筑共价有机框架

无论是二维或三维结构的 COF，都属于网状高分子的结构，因此重复单元往往需要带有多个反应的功能基团，比如氨基、醛基、羟基、硼酸等，这样可以通过多个基团间的特定反应来构筑

所需要的聚合物结晶结构。如果忽略具体的分子信息，而只是将这些分子看成一根根长短不一的火柴棍，那么是不是可以尽情地发挥想象来搭构成不同结构的图案，比如可以得到四方网格、六方网格、星形网格、三角网格，甚至是更加复杂的三维网格。如果改变一下火柴棍的长度，是不是也可以很容易改变网格的大小；同样，如果不同颜色的火柴棍代表不同的功能，那么也可以获得丰富多彩的多功能体系。在此基础上，如果赋予这些火柴棍具体的分子信息，那么我们就得到了 COF 的基本聚合物结构。因此，如何设计这些分子成为第一个重要的课题。对于构筑二维形式的 COF，常常设计具备 2、3、4 或 6 个功能基团对称连接的芳香化合物，这样可以通过多基团间的反应来获得上面所说的网格结构，例如，［3+2］或是［3+3］可以获得六方网格，［4+2］或［4+4］可以获得正方形网格，6 基团间的反应可以获得三角形网格，等等；而功能基团连接的分子主体常常要求平面化，因此会使用带有苯环的芳香化合物，并且尽量保证分子内的旋转受限，这样可以获得保持在二维平面内延展的大分子构型。对于三维架构的 COF，功能基团常常连在具有四面体型的分子上，这样

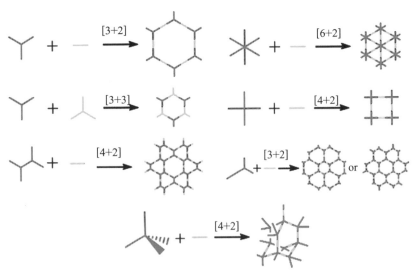

不同拓扑结构的 COF 网络示意图

保证聚合物可以朝三维方向上延展。

第二个涉及 COF 结构构筑的问题就是化学反应，而这也是关系到 COF 能否形成的决定性因素之一。目前为止，一共报道了 8 种反应类型可以合成结晶性的 COF 结构，分别是：（1）硼酸自缩合形成硼酯六元环的反应；（2）两个羟基和硼酸缩合形成硼酯五元环的反应；（3）硼酸和邻苯二酚缩酮缩合形成硼酯五元环的反应；（4）氨基和醛基缩合形成亚胺的反应；（5）氰基三聚成环反应；（6）醛基和酰肼缩合反应；（7）氨基和酸酐缩合形成亚酰胺的反应；（8）克诺维纳盖尔（Knoevenagel）缩合反应。以上这些反应，我们看到有两个共通的地方：第一，都是可逆的化学反应；第二，绝大多数是脱水的缩合反应。不可逆的化学反应虽然种类繁多，但是目前仍没有报道可用于合成 COF 材料。

制备 COF 的不同反应类型

反 应 方 程

（1）

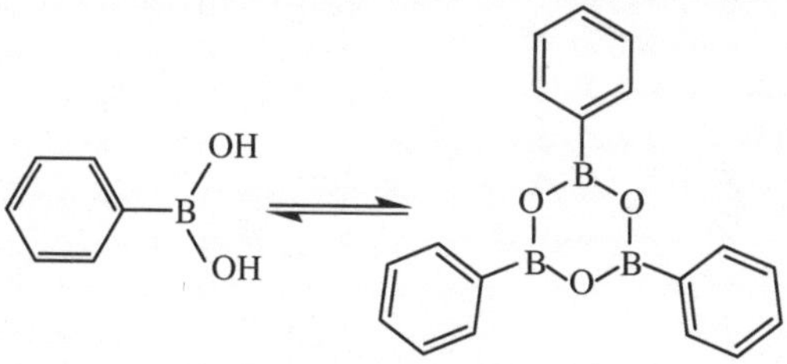

（2）

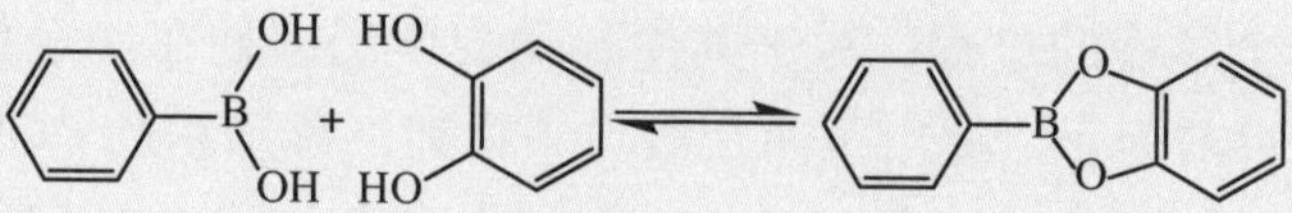

（3）

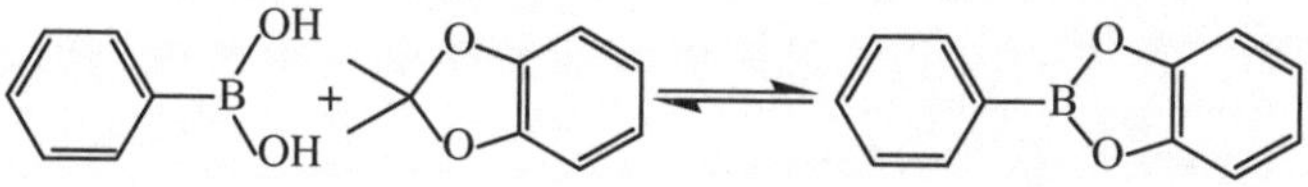

（4）

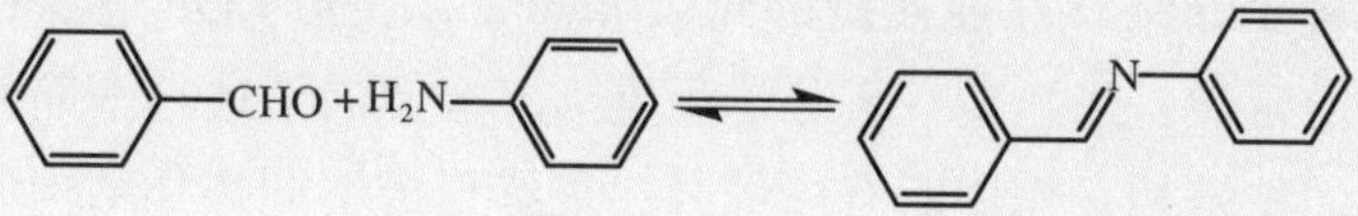

（续表）

（5）

（6）

（7）

（8）

第三个关系到 COF 形成的重要问题是结晶方法。COF 的生长是一个缓慢的过程，对于其生长动力学仍旧处在探索和研究中。到目前为止，提出了两个假设来描述二维结构的 COF 生长过程，一个是针对羟基和硼酸缩合反应形成 COF 的过程，科研人员认为，首先会由部分单体聚合成较小的二维尺度大分子，然后其他单体或是寡聚物会吸附在上面，并以此为模板生长，在这个过程中始终存在连接键的断裂和修复，使得 COF 逐步在二维方向上延展，当达到一定分子尺度后，会倾向于通过平面间共轭基元的特定相互作用而有序堆叠，最终形成不同拓扑结构的二维

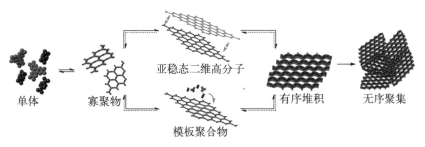

亚稳态二维高分子

单体　　　寡聚物　　　　　　　　　有序堆积　　　无序聚集

模板聚合物

硼酯脱水反应形成 COF 的生长动力学示意图

形式 COF 结构。而另一种动力学生长过程，是从亚胺键连接的 COF 形成中发现，这种材料是通过氨基和醛基的反应获得，而此反应往往需要酸或是碱的催化，所以单体在初始阶段就可以通过快速反应形成一个无定型的聚合物网络结构，然后通过可逆的反应过程，逐步从无定型转变成结晶结构。但是，无论是哪种生长的策略，结晶生长的条件至关重要，而结晶的方法也直接影响了体系的结晶程度。

　　目前为止，一共有 4 种方法常用于 COF 的制备。第一种方法是最常用也是成功率最高的方法——溶剂热法。在一根内径是 1 cm 左右的耐热管中加入混合溶剂，分别选用单体的良溶剂和不良溶剂按照一定比例混合，例如二氧六环和均三甲苯、邻二氯苯和正丁醇等，加入单体和催化剂，采用冻融脱气循环三次，使管中处于极低的压力下，用火焰枪封管后转移至特定温度的烘箱中，温度一般在 80～120℃范围内，反应 3～7 天。溶剂热方法对于目前报道的 COF 结晶反应都非常适用，尽管单体在实际的反应体系中溶解度较低，但是得到的产物收率比较高，而且优化的溶剂体系往往会得到结晶性很好的 COF。该方法虽然比较适合实验室条件下摸索结晶条件，但是缺点也很明显，就是反应前的操作略显复杂，低压和高温的反应条件使得耐热管内的蒸汽压较大，在封管处往往会开裂使得溶剂泄漏，每次反应的投入量非常小，得到的 COF 粉末常常只有几十毫克，并且反应时间较长。第二种方法是微波法，利用微波反应器可以快速均匀地给反应体系加热，该方法最大的特点就是提高反应效率，缩短反应时间，

对于硼酸和羟基反应的结晶过程，微波方法非常有效，可以使反应时间缩短到 1 h 内完成，大批量获得具备一定结晶性的 COF。但是，微波法的局限性是其并不适用所有类型的 COF 合成反应，而且由于反应太快，影响了 COF 的结晶过程，较难获得类似溶剂热方法所得到的结晶性。第三种方法是常压加热法，该方法对于一些硼酯 COF 比较适用，实验装置简单，只需要将反应瓶接上回流冷凝管，在搅拌加热的条件下就可以获得较高收率的产物，而且反应能够放大，产物的结晶性较好，因此科研工作者常常会用溶剂热方法来摸索适合的反应条件，再通过常压加热来放大反应，从而获得大量的高结晶度 COF，适合某些硼酯连接的 COF 的制备。第四种方法是离子热法，该方法对氰基的三聚反应非常有效，在耐热管中加入反应单体和路易斯酸盐（常使用无水 $ZnCl_2$ 盐），不需要加入任何溶剂，在低压和高温的反应条件下，金属盐熔化作为溶剂溶解单体，该体系中的反应温度和路易斯酸盐的种类以及加入量都对产物的结晶性影响较大。在这样

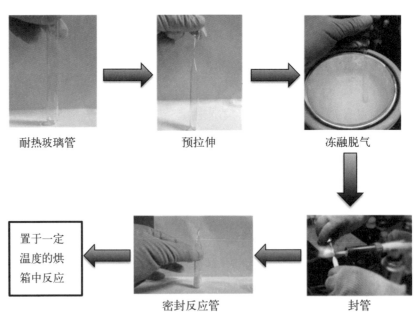

耐热玻璃管　　　　预拉伸　　　　冻融脱气

置于一定温度的烘箱中反应　　　密封反应管　　　封管

采用溶剂热法制备 COF 的操作示意图

的反应条件下（温度为400℃），单体的热稳定性很重要，因此常会使用多苯环的芳香化合物衍生物，并且在对称位置上修饰氰基基团。此外，还有研磨法，这是印度 Rahul Banerjee 课题组发现的，在单体三

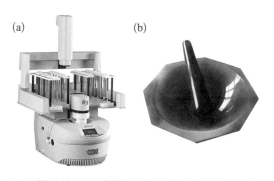

（a）微波法所用的微波反应器，（b）研磨法所用的研钵

羟基均三苯甲醛和对二氨基苯的反应中，可以简单地通过两种单体的研磨来获得结晶性，在研磨中可以明显发现粉末的颜色从黄色逐渐变成红色，在研磨 45 min 后，可以获得较为明显的结晶性。在此基础上，进一步发现当基于三羟基均三苯甲醛这一单体，使用多个不同结构的二氨基单体都可以与其研磨得到结

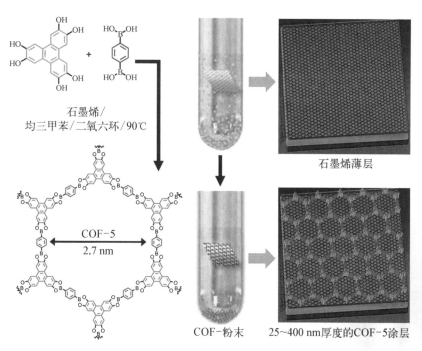

以高取向石墨烯为基底，界面生长 COF 涂层示意图

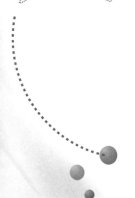

晶性的 COF。显然该方法还是一个特别的例子，其他反应并未发现一样的效果。此外，科研工作者们还采用了一些其他方法，在尝试开发不同形貌尺寸的 COF 纳米材料。比如，界面聚合可以制备二维薄膜。基底表面原位生长可以在功能性材料上覆盖 COF 涂层，这些合成方法使 COF 材料从最初的气体吸附存储、催化应用发展到能源器件的制备，极大地扩展了 COF 的应用领域。

怎样分析共价有机框架的组成和结构

　　合成的 COF 结构如何通过测试仪器来分析结构非常重要。很显然，由于 COF 材料独特结构使其无法溶解在常用的有机溶剂中，很难采用传统高分子的表征分析方法进行，例如无法从渗透凝胶色谱来获知具体分子量以及分子量分布的信息，无法从核磁氢谱获得准确的分子层面信息，无法从差热扫描量热仪上获得高分子的熔融温度或玻璃化转变温度，因此对于 COF 结构的高分子来说，很难获得类似传统高分子的基本理化性质。那么，如何确定 COF 是否形成了设计的结构呢？这里主要介绍以下三个手段，第一就是制备模型小分子化合物，采用 COF 制备的聚合反应以及基元单体，合成模型小分子，那么可以通过许多可表征固体样品的光谱测试，例如红外光谱、固体核磁、固体吸收光谱等来比对聚合物和模型小分子，从而初步获知分子的成键信息、光学吸收变化等，这样就可以定性地了解聚合物的组成。第二是通过粉末 X 射线衍射仪来获得材料的结晶衍射峰，然而没有可比照的标准卡片来归属衍射峰，从而获得晶胞参数和空间群种类，因此，一般做法是优化 COF 的分子结构，然后在计算软件中构建多种可能存在的晶胞，并将其转换成相应的 X 射线衍射图谱，这样就可以与真实的样品谱图进行比对，如果相似度非常高，那么基本上可以确定样品的结晶结构和计算时所预设的晶胞是一致

（a）粉末X射线衍射仪，（b）比表面积及孔径分析仪

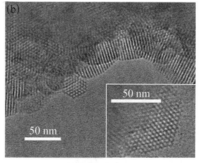
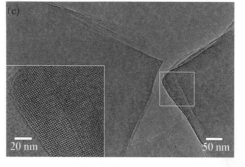

（a）高分辨透射电子显微镜；
（b），（c）采用高分辨透射电子显微镜拍摄到的COF结晶区照片

的，当然这个过程比较烦琐，而且计算和模拟的方法也在不断地优化和发展。第三是通过比表面积和孔径分析仪来获得孔参数，这种表征是在77 K的温度下，测试不同比压情况下材料对氮气吸附的情况，进而获得此温度下的吸附脱附曲线，最后通过数学

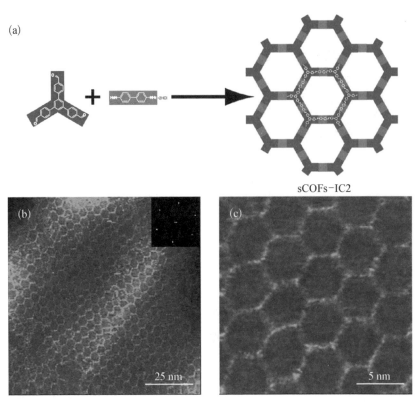

（a）单层COF结构示意图；（b），（c）采用扫描隧道显微镜观察到的单层COF分子结构

模型来计算出比表面积、孔容、孔径、孔分布等信息。一般情况下，从等温吸附脱附曲线的线型能够分辨出孔的类型，比如是微孔还是介孔，从计算的孔径分布图上可以得知主要的孔道尺寸，并且可以与理论模拟的孔径比较，间接说明COF结构是否最终形成。以上三个分析方法都是COF合成后首先要完成的结构组成分析，此外，其他许多表征方法也能够获得更多的基本理化性质，例如，通过高分辨的透射电子显微镜或者是扫描隧道显微镜能够清晰地看到高度有序的分子排列状况，通过场发射扫描电子显微镜能够观察形成COF的整体形貌，通过元素分析能够计算聚合物结构中各元素的比例，通过热失重的测试方法可以考察COF的热稳定性，等等。

共价有机框架的应用

自从 COF 发现以来，其性能及应用基础研究一直是有机多孔材料研究中的前沿及热点，特别是对于二维分子结构的 COF 来说，其应用领域得到了很大的拓展，相比其他多孔材料，COF 二维分子的有序堆叠，使得此类高分子展现出不同的理化性质，与典型的二维高分子——石墨烯材料相比，不仅某些性质相近，而且基于多姿多彩的化学合成设计，使得 COF 的应用更加的丰富多彩，因此，除了在传统的分离、存储、催化等领域的研究外，也在光能捕获、光电转换、半导体传输、质子传导、光分解水制氢等能源环境领域展现出了重要的潜力。

小贴士

氢气作为清洁高效的新能源之一，它的高效存储是目前材料研究领域中被广泛关注和亟待解决的问题。美国能源部提出了氢气存储目标是在 2020 年之前，在 233～358 K 温度范围内，可以达到 5.5 wt% 和 40 g/L 的吸附量，而最终希望实现的目标是 7.5 wt% 和 70 g/L。

COF 完全由 C、H、O、N、B 等轻元素构成，因此聚合物的密度很小，同时结构稳定、比表面积大、孔径可调以及聚合物框架可修饰，因此作为吸附材料在气体的存储分离方面展现出了优异的性质。一般情况下，COF 的吸附容量和比表面积相关，因此比表面积更大、密度更低的三维结构的 COF 具有更好的氢气存储性能，其中 COF-102（比表面积达到 3 630 m^2/g）可以在 77 K 和 35 个标准大气压下吸附 7.24 wt% 的氢气，虽然这个数值已经达到了美国能源部制定的标准，但这是在 77 K 温度下测量的数值，与要求的温度范围还有一段差距。理论计算说明了 COF 是

可以达到美国能源部提出的目标的，特别是通过金属掺杂的方式。例如，用金属锂掺杂的 COF-105 和 COF-108 可以在 298 K 和 100 个标准大气压下分别达到 6.84 wt% 和 6.73 wt%，明显优于 MOF 和未掺杂的 COF 材料，然而，要实现这一理论预测还需要进行大量的工作。

COF 的框架结构上可以修饰高密度功能基团，可以通过多组分的聚合，实现将羧基、羟基、烷烃、环氧、炔基、氨基等功能基团聚合到 COF 到框架中，从而在孔道内部获得性质各异并且可调的化学环境，达到更好的气体吸附效果。CO_2 气体是主要的温室气体之一，科学家们利用 COF 开展了许多关于吸附分离 CO_2 的研究。通过化学改性，可以获得更适合吸附 CO_2 分子的 COF，在 273 K 和标准大气压的条件下，最大可实现每克材料 104 mg CO_2 的存储量；调节比表面积和孔径、掺杂金属等办法可使吸附量进一步优化，特别是金属锂掺杂在 COF 中，最多可以在每克材料中吸附 CO_2 409 mg，而当把存储气体的条件改变成 298 K 和 35 个标准大气压条件时，同样的 COF 每克可以实现 1 188 mg CO_2 的存储，这一性能已经要比此前报道的 MOF（968 mg）和沸石材料（220～352 mg）更好。吉林大学裘式纶课题组在此方向也获得了突出的研究成果，特别是在 CO_2 与 N_2 的混合气体选择性吸附研究中，发现了 COF 具有类似分子筛的高选择性。此外，COF 材料对于 CH_4 和 NH_3 也有非常高的特异吸附能力。每克 COF-10 可以吸附 255 mg NH_3。硼酯 COF 中富含缺电子的硼原子，对存储富电子的 NH_3 有明显优势，如每克 COF-102 可以吸附 CH_4 187 mg。这些性能都可以与优异的 MOF 材料相媲美，且比 MOF 材料具有更低的材料密度和更稳定的化学结构，将在气体吸附和分离领域大显身手。

小贴士

催化剂能够改变化学反应的速率，在化工产业发展过程中有着举足轻重的地位。据统计，约90%以上的工业过程需使用催化剂。催化剂种类繁多，按状态可分为液体催化剂和固体催化剂；按反应体系的相态可分为均相催化剂和非均相催化剂。

非均相催化在化工生产中具有重要的研究价值，COF同时将多孔性与催化活性相结合，在催化领域有极大的应用潜力。基于多样的化学合成方法，可以将催化活性单元通过共价键连接成有机框架，或是后修饰到框架上，从而极大增强催化效果。目前，利用COF作为催化剂的反应种类多样，有氧化反应、Suzuki碳碳偶联反应、酰化反应、光催化反应、非对称加成反应等。在进一步的研究中，发现COF的功能结构还可以络合钯、铂、铱等过渡金属，结合其较大的比表面积和孔性质，因此展现出了优异的催化性能和多样的催化应用。美国南佛罗里达大学马胜前课题组设计出一种复合形式的COF催化剂，使得COF框架上的催化活性位点与孔道内负载的客体分子通过协同作用，实现了催化性能的提高。具有催化活性的聚膦盐高分子链贯穿在有路易斯酸催化位点的孔道内，在受限的孔道内，不仅催化过程得到强化，有利于反应分子与催化位的接触，而且由于柔性高分子链的特性，

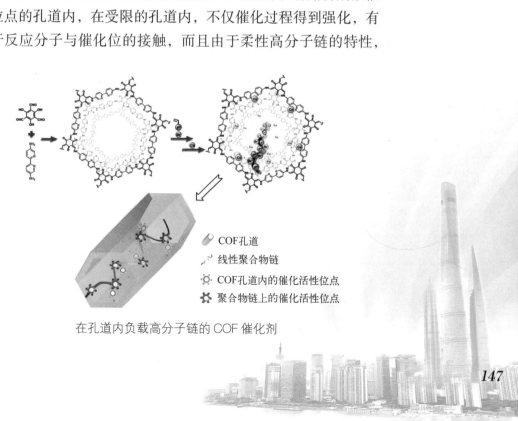

〇 COF孔道
〤 线性聚合物链
✿ COF孔道内的催化活性位点
✻ 聚合物链上的催化活性位点

在孔道内负载高分子链的COF催化剂

可以增强分子链上的催化位点和 COF 框架上的活性位点之间的协同作用。因此，无论是与单一催化组分还是有机离子化合物和金属化的 COF 催化剂的混合物相比，该复合催化剂在催化环氧化合物和 CO_2 的环加成反应中，都表现出更高的催化效率。该研究为实现 COF 催化剂的协同催化作用提供了新的思路。

小贴士

　　质子交换膜燃料电池被称为第四代的燃料电池，作为动力电源的研究得到迅猛的发展，而其中核心的部件就是高分子的质子交换膜，其成本在电池的各个组件中是最高的，也是抑制质子交换膜燃料电池商品化的主要因素之一。目前唯一在使用的是全氟磺酸质子交换膜，这是一种主链为氟碳，侧基为磺酸基团（$-SO_3H$）的高分子，具备电导率高、机械强度高、稳定性好、可成膜等优点，但是当温度超过 $80℃$ 时，电导率就会急剧下降，甚至会降解，释放出毒性物质；而实际使用中，全氟磺酸质子交换膜往往需要高湿度环境才能提供优异的质子传导性能，因此也更对温度变化敏感。

　　二维形式的 COF 具有一维有序的传输通道，稳定的化学结构，以及多样化的功能修饰，这些优点促使科研人员考虑将其开发为燃料电池的质子交换膜材料。印度 Rahul Banerjee 课题组首次尝试了在亚胺型 COF 框架上修饰偶氮，从而在孔道内吸附大量磷酸（H_3PO_4）分子，实现了湿度下的快速质子传导，电导率是 9.9×10^{-4} S/cm。东北师范大学朱广山课题组制备了一种框架上带有阳离子的亚胺型 COF，通过阴离子交换，将杂多酸阴离子（$PW_{12}O_{40}{}^{3-}$）置换到孔道内，可以实现更大的电导率，达到 3.32×10^{-3} S/cm，这些高湿度下测试的结果，证明了 COF 在质子交换中的应用潜力。日本分子科学所的江东林课题组将咪唑负载到高结晶性、高稳定、高比表面积的 COF 中，不仅证明了一维

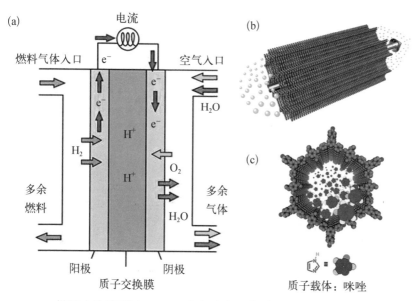

燃料电池模型以及 COF 在电池中用作质子交换膜的应用

孔通道在质子传导中的重要性，而且说明了适合的孔径也可以使质子传导极大提高，在 130℃ 条件下，无水质子传导的电导率可以达到 4.37×10^{-3} S/cm。

当 COF 作为电极材料用于电荷存储，同样基于可设计的结构而体现出了突出的性能。COF 具备内在的大比表面积和优秀的结构稳定性，可以吸附电荷形成双电层电容，而当在 COF 框架上设计氧化还原的基团还可以提供额外的赝电容。美国康乃尔大学 William R. Dichtel 课题组就在亚胺型 COF 上修饰了蒽醌的结构，这一基团具有可逆的氧化还原性质，可以快速地结合和转移电子，当 COF 在电极表面取向排列后，面电容可达到 3.0 mF/cm²，而且提供了 5 000 次以上稳定的充放电循环。接下来，他们课题组进一步提高了 COF 的导电性质，在 COF 修饰的电极上，通过电聚合在一维有序的孔通道内填充聚 3，4-乙烯二氧噻吩（PEDOT），这是一种典型的导电高分子，被广泛应用在光电器件领域。这种结构的体积电容最大可达 350 F/cm³，并且在充电速率 1 600 C 情况下，可以在 2.25 s 内完成最大电容量的 50%，而在 100 C 的低

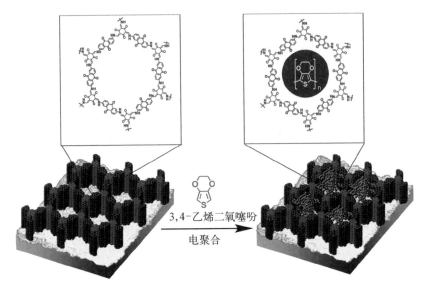

COF 孔道内填充导电聚合物用于电荷存储

速率下，充电时间延长到 36 s，但是可以获得最大容量的 80% 以上。由于导电聚合物的引入，同时具备较低的界面阻抗和充放电的循环稳定性，1 万次循环以上没有任何电容性质损失，突出体现了优于传统高分子电容材料的电化学稳定性。

COF 独特的二维结构特点和可设计的多样化组成，使其展现了优异的光学性质，科学家们利用 COF 的光学性质，在传感及检测方面开展了大量的研究。日本分子科学研究所的江东林课题组用含发荧光特性的芘基单体制备了发光性能很强的 COF 材料。该材料能够实现对 2，4，6-三硝基苯酚（TNP）爆炸物的荧光检测，是首次应用于化学传感探针的 COF 材料。印度 Rahul Banerjee 课题组用由本体 COF 剥离得到的薄层 COF 纳米片制备了一种检测 TNP 的传感器。当该 COF 纳米片分散在异丙醇中，TNP 的检测浓度为 5.4×10^{-5} mol/L 时，荧光猝灭效率达到了 63%；在固体状态下检测 TNP 时，荧光反而会增强，最大强度可达到其自身发光的 10 倍。这种"开 / 关"性质的传感器为快速灵敏地检测爆炸物提供了新思路。光致发光 COF 材料除了用于检测，还可以应用于处理水中的 Hg^{2+} 污染。兰州大学王为

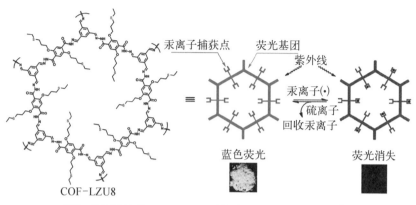

COF-LZU8

修饰硫醚侧基的 COF 可用于检测及去除汞离子（Hg^{2+}）

课题组制备了硫醚功能化的 COF-LZU8，荧光生色团被连接在 COF 框架上作为信号传感器，硫醚基团被均匀固定在 COF 框架的侧面作为 Hg^{2+} 的接收器；这样在 390 nm 波长的光源照射下，该 COF 材料可以发出很强的荧光，而当检测到汞离子（Hg^{2+}）时，荧光则迅速猝灭。由于稳定的 COF 结构，使得这种传感器能够循环使用，成为既能应用于检测也能可除去汞离子的多功能材料。

共价有机框架材料的未来

从 2005 年首次报道以来，共价有机框架一直在引领着有机多孔高分子材料的发展，与传统的多孔材料相比，COF 最大的优势在于具有良好的结构可剪裁性和功能可调控性，可以将分子结构及其空间排列结合来实现构效关系的优化，有望为材料学科带来革命性的变化。特别是在最近几年中，随着 COF 合成化学的快速发展，为了适应不同的应用要求，开发了多种类型的 COF 纳米材料、COF 纳米涂层、COF 薄膜等，这些探索都使 COF 的优异性能在复杂的应用体系中得以进一步发挥。而在这些努力中，我国的科研工作者以及国外的华人学者都做出了

重大的贡献，不仅在基础研究中，努力开拓着可适用的功能单体、反应类型、结晶方法以及多样的拓扑结构，而且在应用基础研究中，推动着 COF 材料在气体吸附存储、催化、传感、光电转换、能源存储等一系列能源环境应用领域中的发展。可以预见的是，随着基础研究的深入，这类材料会越来越多地表现出优异而独特的性能，同时也必将伴随出现许多基础科学问题和重要挑战。例如，从高分子学科角度来看，探索 COF 生长的基本动力学问题，发现新的反应类型、结晶方法和聚合体系，设计新的功能和拓扑结构，并建立适合 COF 结构组成分析的新方法和新技术；从材料应用角度来看，搭建结构和性能之间的桥梁，从分子设计和结构调控出发，探索功能化 COF 的应用潜力，在微观尺度上调控 COF 的形态和尺寸，开发溶液加工性能，发展 COF 复合的器件材料，等等。所以可以看出，这一新型材料的发展必将充满挑战和机遇，但却是一条令人着迷的探索之路。

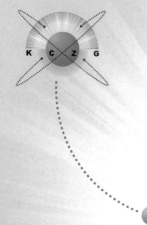

等级孔材料

什么是等级孔材料

常见的多孔材料如活性炭和分子筛等通常具有较为均一的孔道结构，其微小的孔道结构可提供巨大的吸附表面，但也正是其单一的微小孔洞结构，为物质的扩散带来了一定的阻力。就像有一个快递公司要把货物从一个小村庄送到另外一个小村庄，而现有的村庄都只能通过汽车运输，如果小汽车只能在崎岖的山村小道上行走，其运送货物的速度可想而知会很慢；但我们想象一下，如果小汽车在走上一段山村小道后迅速开上平坦的省道，然后转到国家级高速公路，然后再下高速，逐步转到乡村小道，那么毫无疑问其行进速度将大为提高，在运输距离较长的情况下这一优势更为明显。类似的，如果在制备多孔材料的时候也能构建出不同等级孔径的孔道结构，就可以提升物质的扩散性能，提高吸附或者反应效率。

我们先看看孔道的分级，根据孔径的大小可以分为微孔（＜2 nm）、介孔（2～50 nm）和大孔（＞50 nm），那么将其组合成等级孔的话就可以分为微孔—介孔、微孔—大孔、介孔—大孔和微孔—介孔—大孔等。等级孔就是要在一个材料中

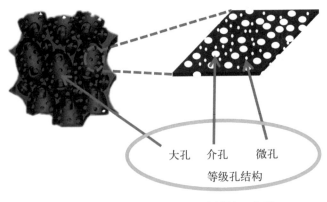

大孔　介孔　微孔

等级孔结构

三维结构大孔—介孔—微孔碳材料示意图

同时构筑不同大小等级的孔结构，优化传质和吸附反应的效率以适应不同的应用需求。近年来，随着等级孔材料研究领域的发展与学科间的交叉与渗透，以及研究方法与现代实验技术的进步与精化，等级孔材料的类型与品种不断扩充与发展，在生物医药、催化、能源、光学、分离以及生物固载技术等领域的应用都在拓展和深入。

几种典型的等级孔材料组合

等级孔材料根据孔道结构的大小有很多组合，如微孔—介孔、微孔—大孔、介孔—大孔和微孔—介孔—大孔等，而这些组合又可以应用到不同的材料中，如热门的碳材料、高分子材料、氧化物等。这里介绍近些年发展的几种典型等级孔材料，如大孔—介孔碳材料、微孔—介孔聚合物材料、介孔氧化硅—大孔碳材料、微孔—大孔沸石材料。

大孔—介孔碳材料

大孔—介孔碳材料有 50 nm 以上的大孔和 2～50 nm 的介孔两种孔道，孔结构分布规则，各个孔道相互连通，是一种分级碳材料的典型代表。其中，大孔的通过性非常好，可以让较大的分子自由通过，而且，通过化学改性改变孔道的表面性质，可以增强大孔的选择性，只能让一部分特定的分子通过。介孔的作用是增加等级孔材料整体的比表面积和孔容，这两方面的优势结合可以避免传统的多孔碳材料结构单一、分子在其内部的扩散过程很长等缺点，使大孔—介孔碳材料在储能材料、催化剂、传感器等方面都有很大的应用价值。对大孔—介孔碳材料的研究目前主要在孔结构和形貌的精准控制、孔结构的表面改性、简单环保的绿色制备工艺，及其相应的物理化学原理等。

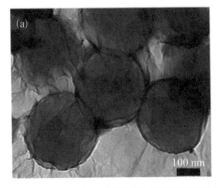

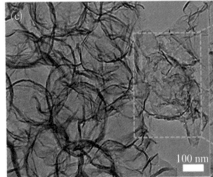

大孔—介孔碳材料透射电子显微镜照片

微孔—介孔聚合物材料

由有机小分子聚合而成的有机多孔聚合物（Porous Organic Polymers，POPs）具有大比表面积、微孔结构、热稳定性好、密度低等诸多优点，在气体储存、吸附、分离和非均相催化等领域有很好的应用价值。然而，有机微孔聚合物缺少大孔或中孔作为分子或离子扩散和运输的通路，使其在很多方面的应用受到限制。而分级多孔结构可以增强扩散运输能力，增加比表面积，提高吸脱附能力。微孔—介孔是有效的组合之一，聚合物形成很多规整的孔道结构，介孔的大小大多在 2～5 nm，而介孔的孔壁则有更加微小的微孔结构。

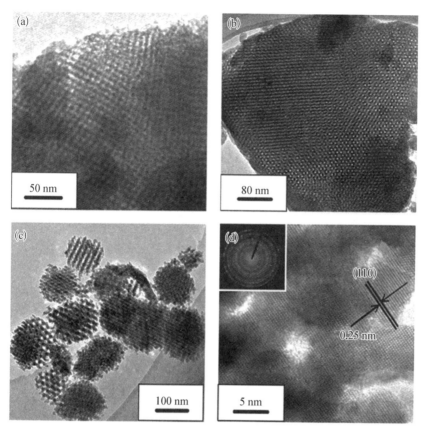

多级孔聚合物材料的透射电子显微镜照片

　　设计合成微孔—介孔聚合物材料时，不仅要考虑孔结构，还要考虑聚合物本身的框架功能，以及新材料的表面对于其实际应用的影响。控制微孔—介孔聚合物材料的表面性质，使孔道结构与其中的分子或离子相互作用，实现选择性和更多的应用价值。在微孔—介孔聚合物材料的合成中，普遍使用溶胶—凝胶法聚合，聚合物的微孔结构是通过聚合物链的交联产生的；聚合物的中孔可由反应诱导溶胶—凝胶相分离形成三维连续的聚合物凝胶网络得到，调节反应物的比例就能实现孔径的改变，可以得到一系列的多孔聚合物材料。

介孔氧化硅—大孔碳材料

介孔氧化硅具有均匀分散的孔径分布，孔径覆盖在介孔的尺寸范围内，孔道内部可进行无机或有机改性，表面形貌可控等优点，被广泛应用在吸附、催化、药物负载等领域，它还可作为多孔硬模板合成多孔材料。然而，非极性的表面、导热性差、电子传导性差等使其应用受到了限制。改性方法之一是用导热导电性能好、化学性质稳定的大孔碳材料与介孔氧化硅复合成介孔氧化硅—大孔碳材料，这样就能同时拥有高比表面积、高孔隙率、高导热性、表面两亲性等诸多优点，拓展其在材料、化学、能源和环境保护等领域的应用。

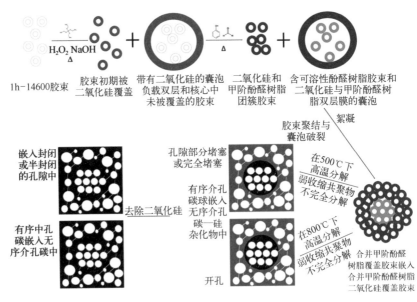

氧化硅—碳等级孔结构复合材料的合成及吸附性能研究

微孔—大孔沸石材料

分子筛具有均匀的孔结构，酸性可调，结构稳定，在精细化

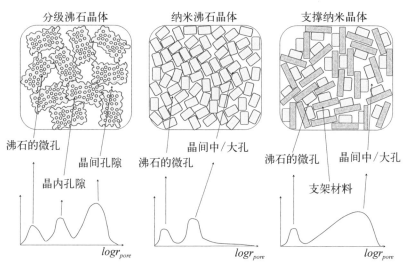

3 种等级孔沸石材料示意图

工和石油化工中有着广泛的应用，酸性位和活性金属是其活性的决定性因素。然而，当有机分子在分子筛的微孔内迁移时，有机分子会与孔壁产生碰撞，使迁移速率受到限制，尤其是大分子参与的催化反应更为明显，制备等级孔的沸石材料就能成功解决这个问题。

目前所报道合成的等级孔沸石材料大致分为三类：等级孔沸石晶体、纳米沸石晶体、负载型沸石晶体。第一类沸石材料的孔结构是由晶体微孔、晶体内介孔以及晶体间堆积形成的大孔构成；第二类沸石材料的孔结构是由晶体微孔和纳米晶粒间堆积形成的介孔构成，介孔的大小与形状是由纳米沸石晶粒的大小、形状和堆积方式决定；第三类沸石材料是一种微孔沸石晶粒分散或负载在其他多孔材料上的复合材料，微孔沸石晶粒的大小、载体的颗粒大小以及载体间堆积方式决定了负载型沸石晶体的孔尺寸分布。

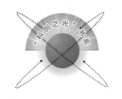

如何制备等级孔材料

硬模板法

硬模板法主要思路是用选定的碳源对设定结构的无机模板（如多孔硅、铝等）进行浸渍，经碳化和模板去除得到复制模板孔结构的碳材料。这种合成方法的关键步骤是合成等级孔结构的模板。有研究用氧化石墨烯做碳源，对钼酸铵和聚苯乙烯球模板进行浸渍，对超声过滤后的复合材料进行煅烧和刻蚀，得到去除模板的微孔—介孔—大孔三维石墨烯材料。该材料含有 3 种不同等级的孔结构，具有比表面积大、导电率高、润湿性好等优点，在电化学脱盐方面表现出良好的性能。

硬模板法制备的大孔—介孔分级结构材料合成机理简单，能

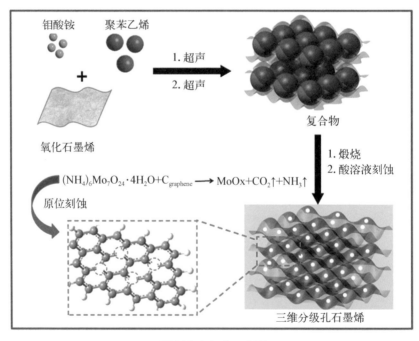

钼酸铵
聚苯乙烯
+
氧化石墨烯
1. 超声
2. 超声
复合物
1. 煅烧
2. 酸溶液刻蚀
$(NH_4)_6Mo_7O_{24}\cdot 4H_2O+C_{graphene} \longrightarrow MoOx+CO_2\uparrow+NH_3\uparrow$
原位刻蚀
三维分级孔石墨烯

硬模板法合成示意图

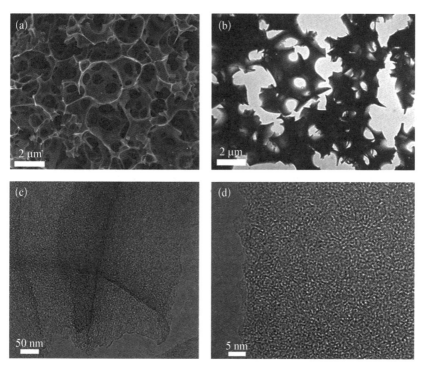

硬模板法合成三维分级孔石墨烯透射电子显微镜照片

够精确地复制模板的微晶结构，并可以有效控制产物形貌。然而，硬模板法本身也有着许多典型弊端：模板制备—前驱体引入—碳化热处理—模板去除—后处理的工艺过于冗长；且模板的去除需要使用氢氟酸、氢氧化钠等有毒有害试剂，在影响环境的同时，也导致了模板材料的消耗，造成了资源的浪费；此外，产品的宏观形貌以颗粒和粉末状为主，这种颗粒或粉末易脱落、不易回收和粉尘污染等缺点，限制了其应用方面的发展。因此，简化合成工艺，降低合成成本，工业化放大试验，使产品更便于实际应用是研究者关注的方向。

双模板法

在对硬模板进行改进的同时，研究人员也开始拓展新的合成

路线，双模板法就是其中的代表。双模板法，是用两种设定的模板进行组合，利用各自的空间限形作用对碳源进行引导，实现形成不同孔结构的目的。采用无机硅系物与非硅系物硬模板的双模板法是对传统硬模板法的一种改进。通过物理混合的方式使两种模板进行组合来实现等级孔结构，简化了模板合成的路线；同时非硅系物模板可以使用灼烧、水洗等方式去除，也在一定程度上减少了刻蚀模板的有害试剂使用。2004年，有科研团队以聚苯乙烯球和二氧化硅颗粒为模板合成有序、均一的介孔—大孔碳。制备过程为：首先将聚苯乙烯球与硅颗粒混合，混合物逐渐干燥使聚苯乙烯球有序排列，硅球颗粒紧密地排列在聚苯乙烯的缝隙中形成模板复合；随后焙烧去除聚苯乙烯，留下三维有序连通的大孔结构。另一模板硅骨架用碳源浸渍后进行碳化处理，最终的产品——多孔碳由通过去除硅颗粒骨架获得。

为了获得可控性更高的孔结构，物理共混的模板混合方式已经不能满足这种需求，需要引入新的模板。软模板法可以很好地控制孔结构，同时可以避免硬模板的弊端，因此被引入双模板法合成中。2007年，复旦大学的研究团队第一次合成大孔—介孔的碳材料。用二氧化硅胶态晶体做硬模板，高分子共聚物为软模板，可溶性酚醛树脂预聚体为碳前驱体，利用在胶体晶体的孔隙中进行的有机—有机自组装，经前驱物浸渍、热处理、碳化及模板去除、洗涤和干燥几个步骤得到来具有多级孔道的介孔—大孔复合碳材料。这种材料具有相互连通有序排列的大孔和短程有序的介孔孔壁。它有胶体晶体结构所产生的连续可调的光学禁带，且合成方法简单，原料易得，适于放大生产，故可在光学波导、传感器、催化剂载体等方面有广阔的应用前景。

小贴士

自组装，是指基本结构单元（分子、纳米材料、微米或更大尺度的物质）自发形成有序结构的一种技术。在自组装的过程中，基本结构单元在基于非共价键的相互作用下自发地组织或聚集为一个稳定、具有一定规则几何外观的结构。

在软模板中加入硬模板的双模板法合成中，硬模板不仅起了一级模板的作用，更重要的是它的存在支撑了多孔结构，有效地防止了孔道坍塌。但是该方法中再次出现了对含硅硬模板的刻蚀，因此，硬模板的缺点并未得到明显改观。基于这种情况，选用合适的模板来避免有害试剂刻蚀所造成的弊端，成为研究人员所追求的目标。新发展的合成方法中，采用非硅系物与表面活性剂的双模板法，避免引入含硅的硬模板，且通过简单的表面活性剂用量的调整实现介孔结构的调控，同时无须刻蚀的硬模板可以在合成过程中为材料提供良好的支撑作用。为前面提到的双模板法不易控制孔结构和需要有害试剂刻蚀的弊端提出了很好的解决方案，对大孔—介孔碳材料合成产生了推进作用，是一种发展前景光明的方法。目前，该方法的局限在于，仅有使用自组装有序排列的胶体晶体做硬模板的成功案例，如何选用其他的非硅系材料作为硬模板是非硅系物与表面活性剂做模板的双模板法发展的关键。同时，双软模板法中如何寻找一种与碳源和两种造孔剂都相溶的溶剂也是一个关键的问题。如何解决这些问题仍将是未来大孔—介孔碳材料合成领域的热点所在。

单一表面活性剂/无模板剂一步合成法

在没有大孔模板存在的条件下，利用单一表面活性剂自组装，通过一步法可以合成一系列介孔—大孔金属氧化物材料，如 ZrO_2、Al_2O_3、TiO_2 以及复合金属氧化物。该系列材料具有平行排列的大孔通道，孔墙又由相互贯通的无序的介孔组成。分级结构的材料由无机延伸到有机，由单一无机材料扩大到有机—无机杂合材料，以高分子共聚物为表面活性剂合成出一系列有机膦酸钛、膦酸铝材料。进一步的实验发现，合成体系中也可不需要表

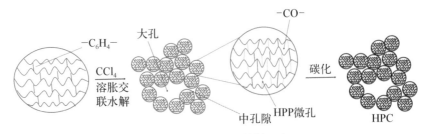

无模板法合成等级孔材料示意图

面活性剂参与，通过金属烷氧基化合物的控制水解和纳米颗粒聚集组装过程，无模板一步直接得到分级结构的 TiO_2 和有机膦酸钛杂合材料。无模板法操作简便、实验条件温和、成本低廉、不需要二次模板来创建大孔结构，可进行大规模生产。

生物模板法

利用动物和植物组织复杂的结构，如树木的纤维和叶子、鸡蛋的膜、细菌、细胞以及淀粉、纤维素等能进行材料的生物模拟合成。受生物结构的启发，可以利用许多特殊形貌的细胞单体为模板，合成出不同形貌的具有等级孔结构的材料。所合成的多级孔材料具有相对均一的大孔结构，对生物模板的形貌进行了很好的复制。例如，将蚕茧碳化，就可以得到具有大孔—介孔—微孔的等级孔碳材料；再例如，来自上海大学的研究团队发现了一种利用西瓜皮制取等级孔材料的方法：首先把西瓜皮切成块状，除水干燥，煅烧碳化，然后用氢氟酸刻蚀除去杂质，从而获得了介孔—微孔碳材料；该材料比表面积很大，可以用作电化学脱盐的电极材料，应用于海水淡化。

由于生物分子具有外形多样化（管状、链状、球形等），尺寸小（纳米级），自组装生物模板形貌重复性高等优点，并且廉价、易得、可再生、对环境影响小，因此，该方法为合成具有其他多种形貌的多孔材料提供了一条有效途径，生物模板控制合成纳米材料是一个极具潜力的发展方向。

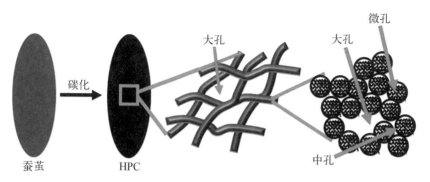

蚕茧碳化制得的大孔—介孔—微孔的分级孔碳材料

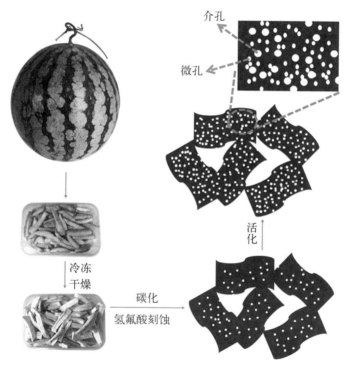

利用西瓜皮制得的介孔—微孔碳材料

等级孔碳材料的原料选择

目前，等级孔碳材料是最为热门的研究材料之一。在大孔—介孔等级孔结构碳材料的制备过程中，模板法是最主要的

合成方法，不同的模板种类以及模板间不同的搭配可以决定最终产品的特性。除了模板的影响，原料的选择是影响产品碳材料结构和性能的另一大主要因素。所得产品的结果和性能与其所用的前驱体材料密切相关，为了获得不同性能的碳材料，需要根据所需的性能和应用的方向选择相应的原料。同时，对价廉易得以及符合资源合理利用的追求，也是大孔—介孔碳材料原料选择的一个主导方向。目前为止，已报道的碳源包括蔗糖、糠醇、聚二乙烯基苯、聚苯乙烯、偶氮二异丁腈、中间相沥青、酚醛树脂等。

石墨化结构大孔—介孔碳材料的碳源

这种碳源的共同之处是碳化后可以得到难石墨化的碳结构。这是指前驱体碳源本身的大分子团之间具有许多微小的孔隙，微小孔隙的数量可达总体积的 20%～50%，微小孔隙即使经过石墨化的高温也仍然存在着，阻碍邻近大分子团的接近，使得碳的层面间距远大于石墨晶格的层面间距。这一性质能够决定最终产品的机械强度、导电性等性能。

在能够得到难石墨化碳结构的碳源中，树脂类碳源，尤其是 A 阶酚醛树脂是一类被广泛使用的材料。它是一种低分子量可溶性的酚醛树脂，由苯酚和甲醛以氢氧化钠为催化剂在碱性条件下制备得到，含有丰富的羟基。作为制备大孔—介孔等级孔结构碳材料的前驱体，A 阶酚醛树脂满足以下要求：（1）基体的碳化收缩不应该破坏结构骨架；（2）树脂热解过程中所形成的气孔是开孔，以便实现致密化；（3）树脂基体的玻璃化转变温度不低于分解碳化温度太多。

对于硬模板方法，A 阶酚醛树脂中丰富的羟基使它可以和氧化硅介孔孔壁上的硅羟基形成氢键，且它不具有挥发性，因此，通过简单的溶剂浸渍挥发方法可以将其引入氧化硅的介孔孔道内，并可以稳定存在。

石墨化结构大孔—介孔碳材料的碳源

从石油焦、中间相沥青等碳源中可以得到易石墨化碳。这种前驱体在碳化过程中一般会经历熔融状态，由于液态流动容易导致碳的大分子团接近互相平行，而大体上呈互相平行的一组组碳的大分子团在石墨化的高温下容易经过进一步排列形成石墨晶格结构（大分子团的层面间距接近天然石墨的层面间距）。

蔗糖、糠醛或酚醛树脂等碳源均具有很大的极性以保证与模板充分的相容性，但是它们转化成高度导电碳的效果不理想。这是由于其高度延伸的芳香环只能在相对较高的温度下获得的缘故，然而，如此高温会使介孔遭到破坏。此外，碳化过程中此类前驱体焙烧失重比较严重，这将导致获得的碳材料有无法控制的微孔出现，且产品的电导性和热稳定性将降低。

总体来说，合成比表面积大、高度有序、电导性强、具有高度延伸的聚芳环微结构的大孔—介孔碳材料是十分困难的，而迄今为止关于解决以上问题的进展也非常有限，中间相沥青的长链芳烃结构有利于产物在电化学等方向的应用，因此，是一种极具有研究价值的碳源。

等级孔材料的应用

等级孔材料具有多样性的结构和性能，是近年来功能材料家族重要的成员之一。因为等级孔材料在不同的尺度下有相互连接的孔结构，具有大的比表面积、大的孔隙率，且密度低，化学成分可变化，所以非常利于电子的迁移和离子的运输，光子的捕获以及扩散。这些因素使得等级孔材料在能量的储存和

转化、催化、光催化、吸附、分离、气体传感和生物医学中有很重要的应用。

等级孔材料已经广泛应用于能源转换领域。首先，分级多孔结构较大的比表面积和孔容可以使光学路径长度增加，使染料分子的吸附增强，从而提高光的捕获效率，可以有效地用于染料敏化太阳能电池的光阳极，实现光电转换。其次，分级多孔结构有利于高效捕光，可以有效分离光生电子和空穴，以及促进它们的迁移，所以它们适用于光催化制备氢气，实现光化学能转换。第三，分级多孔结构可以用于燃料电池。燃料电池中，反应物流入电池伴随着反应产物流出，这种特性需要阳极和阴极是高度多孔的，以促进产生的燃料和化学品扩散，从而改善电流密度和转化效率。此外，利用等级孔材料可通过电极与电解质促进电荷转移界面，减少离子扩散途径，并容纳循环期间的体积变化，超级电容器和锂离子电池、锂硫电池、锂—空气电池、钠离子电池和镁离子电池等均可以利用等级孔材料。

等级孔材料还可以应用于电容脱盐。通过硬模板法制备的分级多孔石墨烯具有分级多孔结构、三维交联网络、较大的比表面积、较高的导电性、良好的电容脱盐性能。在电容脱盐曲线〔下图（a）〕中，分级多孔石墨烯的电导率始终高于石墨烯，说明分级多孔石墨烯能吸附能多的盐离子。在罗根曲线〔下图（b）〕中，分级多孔石墨烯的曲线始终处于右上方，比石墨烯具有更高

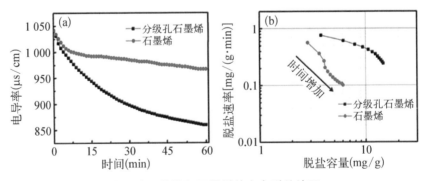

等级孔石墨烯与石墨烯的电容脱盐效果

的吸附容量和更快的吸附速率。

高性能的分级多孔催化剂和光催化剂由于其绿色化学的性质而非常有利用价值，它能让化学反应在低能量路线发生，并且在反应过程中减少废物的产生。分级多孔结构能提高高活性分散区的稳定性，在反应过程中增加反应物的扩散，被广泛应用于催化和光催化领域：一方面，大孔—介孔结构的掺入可以增加光散射，增加光子捕获，从而提高光催化效率；另一方面，在传统的微孔沸石中引入大孔或介孔可以最大限度地减少扩散障碍，在催化剂中增强活性位点分散性。等级孔材料，特别是分级多孔的单片二氧化硅材料，由于它的高渗透性，被认为是最有潜力的气体吸附和液体分离的吸附剂，其中，均质流动的大孔二氧化硅最为用途广泛。同时，作为一类有丰富的吸附位点的高效吸附剂等级孔材料，还广泛应用于去除有害污染物，例如，去除染料和环境中的重金属离子。此外，等级孔材料具有大的比表面积，支撑表面吸附和反应过程，可以方便地辅助气体扩散和质量运输，大大

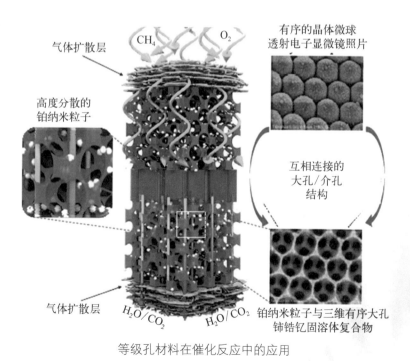

气体扩散层　CH₄　O₂

有序的晶体微球
透射电子显微镜照片

高度分散的
铂纳米粒子

互相连接的
大孔／介孔
结构

气体扩散层

H₂O／CO₂　H₂O／CO₂　铂纳米粒子与三维有序大孔
铈锆钇固溶体复合物

等级孔材料在催化反应中的应用

提高了气体传感器的灵敏度和响应时间。

等级孔材料可以提高生物活性，增强药物的扩散、负载和释放，并确保高的酶负载和快速的酶固定率，在生物医学领域也备受重视，可用于骨组织工程、药物传递、酶固定化等方面。

参 考 文 献

［1］ 徐如人，庞文琴，霍启升，等．分子筛与多孔材料化学（第二版）．北京：科学出版社，2014.

［2］ 刘培生．多孔材料引论（第二版）．北京：清华大学出版社，2012.

［3］ 陈永．多孔材料制备与表征．北京：中国科学技术大学出版社，2010.

［4］ 于吉红，闫文付．纳米孔材料化学：催化及功能化．北京：科学出版社，2013.

［5］ 刘守新．活性炭－TiO_2复合材料的合成、性质及应用．北京：科学出版社，2014.

［6］ 朱洪法．催化剂载体制备及应用技术．北京：石油工业出版社，2015.

［7］ 郭坤敏，谢自立，叶振华，侯立安．活性炭吸附技术及其在环境工程中的应用．北京：化学工业出版社，2015.

［8］ 胡祖美．活性炭纤维制备及对有机物吸附性能研究．大连理工大学，硕士学位论文，2008.

［9］ 许绿丝．改性处理活性炭纤维吸附氧化脱除 $SO_2/NOx/Hg$ 的研究．华中科技大学，博士学位论文，2007.

［10］ K. S. W. Sing, D. H. Everett, R. H. W. Haul, L. Moscou, R. A. Pierotti, J. Rouquerol, T. Siemieniewska. Reporting Physisorption Data for Gas/Solid Systems with Special Reference to the Determination of Surface Area and Porosity. Pure and Applied Chemistry, 1985（57）：603-619.

［11］ W. Lowenstein. The distribution of aluminium in the tetrahedra of silicates and luminosilicates. American Mineralogist, 1954（39）：92-96.

［12］ D. Breck. Zeolite Molecular Sieves. Wiley, New York, 1974：113-150.

［13］ 尹肖菊．沸石分子筛膜的制备和性质研究．吉林大学，博士学位论文，2007.

［14］ 孙维国．MFI 型沸石分子筛膜及复合膜的制备与应用研究．大连理工大学，博士学位论文，2009.

［15］ D. W. Breck, W. Breck, Aonawanda, et al. Crystalline zeolite L. U. S. Patent, 3216789, 1965-11-09.

［16］ 王宇．L 型沸石功能薄膜的制备及其发光性能的研究．河北工业大学，

硕士学位论文，2010.

[17] P. P. Cao, Y. G. Wang, H. R. Li, X. Y. Yu. Transparent, luminescent, and highly organized monolayers of zeolite L. Journal of Materials Chemistry，2011, 21(8): 2709−2714.

[18] P. Li, H. R. Li.Amine vapor responsive lanthanide complex entrapment: control of the ligand-to-metal and metal-to-metal energy transfer. Journal of Materials Chemistry C，2016, 4(11): 2165−2169.

[19] B. Arrer, R. M. Synthesis and Reactions of Mordenite. Journal of the American Chemical Society，1948: 2158−2163.

[20] P. Yuan, Y. S. Li, Y. J. Ban, H. Jin, W. M. Jiao, X. L. Liu, W. S. Yang. Metal-organic framework nanosheets as building blocks for molecular sieving membranes. Science, 2014, 346(6215): 1356−1359.

[21] C. T. Kresge，M. E. Leonowicz，W. J. Roth，J. C. Vartuli，J. S. Beck. Ordered Mesoporous Molecular Sieves Synthesised by a Liquid−Crystal Template Mechanism. Nature, 1992（359）: 710−712.

[22] J. S. Beck，J. C. Vartuli，W. J. Roth，M. E. Leonowicz，C. T. Kresge，K. D. Schmitt，C. T. W. Chu，D. H. Olsen，E. W. Sheppard，S. B. McCullen，J. B. Higgins，J. L. Schlenker. A New Family of Mesoporous Molecular Sieves Prepared with Liquid Crystal Templates. Journal of the American Chemical Society，1992（114）: 10834−10843.

[23] K. J. Edler，J. W. White. Room−Temperature Formation of Molecular Sieve MCM−41. Journal of the American Chemical Society Communication，1995: 155−156.

[24] 彭春耘. 稀土配合物及金纳米结构功能化介孔杂化材料的制备及性能研究. 中科院长春应用化学研究所，博士学位论文，2005.

[25] 刘玉荣. 介孔碳材料的合成及应用. 北京: 化学工业出版社，2012.

[26] J. Lee，S. Yoon，T. Hyeon，S. Oh，K. Kim. Synthesis of a new mesoporous carbon and its application to electrochemical double-layer capacitors. Chemical Communication, 1999, 0（21）: 2177−2178.

[27] X. Ma，L. Gan，M. Liu，P. Tripathi，Y. Zhao，Z. Xu，D. Zhu，L. Chen. Mesoporous size controllable carbon microspheres and their electrochemical performances for supercapacitor electrodes. Journal of Materials Chemistry A，2014, 2（22）: 8407−8415.

[28] C. Xue，B Tu，D. Zhao. Facile fabrication of hierarchically porous

carbonaceous monoliths with ordered mesostructure via an organic organic self-assembly. Nano Research, 2009, 2（3）: 242-253.

［29］ P. Tripathi, M. Liu, Y. Zhao, X. Ma, L. Gan, O. Noonan, C. Yu. Enlargement of uniform micropores in hierarchically ordered micro-mesoporous carbon for high level decontamination of bisphenol A. Journal of Materials Chemistry A, 2014, 2（22）: 8534-8544.

［30］ A. Vinu, C. Streb, V. Murugesan, M. Hartmann. Adsorption of cytochrome C on new mesoporous carbon molecular sieves. Journal of Physical Chemistry B, 2003, 107（33）: 8297-8299.

［31］ Francois Beguin, ElzbietaFrackowiak. 张治安, 译. 超级电容器: 材料、系统及应用. 北京: 机械工业出版社, 2014.

［32］ 张士卫. 泡沫金属的研究与应用进展. 粉末冶金技术, 2016, 34（3）: 222-227.

［33］ 刘培生, 陈国锋. 多孔固体材料. 北京: 化学工业出版社, 2013.

［34］ 郑兆明. 粉末冶金法制备泡沫铝材料的工艺研究. 华中科技大学, 硕士学位论文, 2004.

［35］ 薛海蛟. 高性能硬质聚氨酯泡沫塑料的制备及性能研究. 北京化工大学, 硕士学位论文, 2009.

［36］ 荆鹏, 迟煜頔, 王建, 等. 泡沫金属材料制备技术及应用现状. 材料热处理技术, 2012, 41（22）: 59-62, 150.

［37］ 尚朝秋, 王应武, 周颖, 等. 泡沫铝材料研究现状分析. 云南冶金, 2016, 45（3）: 93-97.

［38］ 张景怀, 惠志林, 方政秋. 泡沫镍的制备工艺与性能. 稀有金属, 2001, 25（3）: 230-234.

［39］ 马宁, 孟姗姗. 泡沫陶瓷的制备方法及研究进展. 山东陶瓷, 2015, 38（5）: 9-14.

［40］ 江润峰. 泡沫陶瓷的制备工艺技术研究. 苏州大学, 硕士学位论文, 2007.

［41］ 吴伟. 泡沫铁材料的制备及其性能的研究. 燕山大学, 硕士学位论文, 2010.

［42］ 卢军, 杨东辉, 陈伟萍, 等. 泡沫铜的制备方法及其发展现状. 热加工工艺, 2017, 46（6）: 9-11, 15.

［43］ 蔡荣平. 氧化铝泡沫陶瓷的制备和研究. 东北大学, 硕士学位论文, 2010.

［44］ S. Cai, D. Zhang, L. Shi, J. Xu, L. Zhang, L. Huang, H. Li , J. Zhang. Porous Ni－Mn oxide nanosheets in situ formed on nickel foam as 3D hierarchical monolith de－NO(x) catalysts. Nanoscale, 2014, 6（13）: 7346－7353.

［45］ 胡守亮. SiO$_2$气凝胶充填非石墨化泡沫炭复合隔热材料的研究. 哈尔滨工业大学, 硕士学位论文, 2010.

［46］ 陈颖, 邵高峰, 吴晓栋, 沈晓冬, 崔升. 聚合物气凝胶研究进展. 材料导报 A：综述篇, 2016, 30（7）: 55－62, 70.

［47］ S. Nardecchia, M. C. Serrano, M. C. Gutie'rrez, M. T. Portole's, M. L. Ferrer, F. del Monte. Osteoconductive performance of carbon nanotube scaffolds homogeneously mineralized by flow-through electrodeposition. Advanced Functional Materials, 2012（21）, 4411－4420.

［48］ M. B. Bryning, D. E. Milkie, M. F. Islam, L. A. Hough, J. M. Kikkawa, A. G. Yodh. Carbon nanotube aerogels. Advanced Materials, 2007（17）: 661–664.

［49］ X. Xie, M. Ye, L. Hu, N. Liu, J. R. McDonough, W. Chen, H. N. Alshareef, C. S. Criddle, Y. Cui. Carbon nanotube coated macroporous sponge for microbial fuel cell electrodes. Energy & Environmental, 2012（5）: 5265–5270.

［50］ G. Nyström, A. Marais, E. Karabulut, L. Wågberg, Y. Cui, M. M. Hamedi. Self-assembled three-dimensional and compressible interdigitated thin-film supercapacitors and batteries. Nature Communications, 2015（6）: 7259.

［51］ M. A. Worsley, P. J. Pauzauskie, T. Y. Olson, J. Biener, J. H. Satcher Jr., T. F. Baumann. Synthesis of graphene aerogel with high electrical conuctivity. Journal of the American Chemistry Society, 2010（132）: 14067－14069.

［52］ Z. M. Marković, B. M. Babić, M.D.Dramić, I. D. H. Antunović, V.B.Pavlović, D.B.Peruško, B. M. T. Marković. Preparation of highly conductive carbon cryogel based on prastine graphene. Synthetic Matals, 2012（162）: 743－747.

［53］ Z. F. Zhao, X. B. Wang, J. L. Qiu, J. J. Lin, D. D. Xu, C. A. Zhang, M. J. Lv, X. Y. Yang. Three-dimensional graphene-based hydrogel/aerogel materials. Advanced Materials Science, 2013, 36（40）: 137－151.

［54］ X. Z. Wu，J. Zhou，W. Xing，G. Q. Wang，H. Y. Cui，S. P. Zhuo，Q. Z. Xue，Z. F. Yan，S. Z. Qiao. High-rate capacitive performance of graphene aerogel with a superhgh C/O molar ratio. Journal of Materials Chemistry，2013（22）: 23186−23193.

［55］ M. Miao，G. L. Wang，S. M. Cao，X. Feng，J. H. Fang，L. Y. Shi. TEMPO-mediated oxidized winter melon based carbonaceous aerogel as an ultralight 3D support for enhanced photodegradation of organic pollutants. Physical Chemistry Chemical Physics，2015（17）: 24901−24907.

［56］ 黄兴，冯坚，张思钊，姜勇刚，冯军宗. 纤维素基气凝胶功能材料的研究进展. 材料导报A：综述篇，2016，30（4）: 9−14，27.

［57］ H. Sehaqui，M. Salaijková，Q. Zhou，L. A. Berglund. Mechanical performance tailoring of tough ultra-high porosity foams prepared from cellulose Ⅰ nanofiber suspensions. Soft Matter，2010（6）: 1824−1832.

［58］ J. M. Schultz，K. I. Jensen，F. H. Kristiansen. Super insulating aerogel glazing. Solar Energy Materials and Solar Cells，2005（89）: 275−285.

［59］ S. Y. Zhao，Z. Zhang，G. Sèbe，R. Wu，R. V. R. Virtudazo，P. Tingaut，M. M. Koebel. Multiscale Assembly of Superinsulating Silica Aerogels Within Silylated Nanocellulosic Scaffolds: Improved Mechanical Properties Promoted by Nanoscale Chemical Compatibilization. Advanced Functional Materials，2015（25）: 2326−2334.

［60］ X. Song，S. W. Yang，L. He，S. Yana，F. Liao. Ultraflyweight hydrophobic poly (m-phenylenediamine) aerogel with microspherical shell structures as a high-performance selective adsorbent for oil contamination. RSC Advances，2014（4）: 49000−49005.

［61］ Y. Q. Li，Y. A. Samad，K. Polychronopoulou，S. M. Alhassan，K. Liao. Carbon Aerogel from Winter Melon for Highly Efficient and Recyclable Oils and Organic Solvents Absorption. ACS sustainable chemistry & engineering，2014（2）: 1492−1497.

［62］ X. Y. Zhang，S. H. Sun，X. J. Sun，Y. R. Zhao，L. Chen，Y. Yang，W. Lv，D. B. Li. Plasma-induced，nitrogendoped graphene-basedaerogels for high-performance supercapacitors. Light: Science & Applications，2016（5）: 16130.

［63］ R. L. Liu，L. Wan，S.Q. Liu，L. X. Pan，D. Q. Wu，D. Y. Zhao. An

Interface-Induced Co-Assembly Approach Towards Ordered Mesoporous Carbon/Graphene Aerogel for High-Performance Supercapacitors. Advanced Functional Materials, 2015 (25): 526–533.

[64] M. Paakko, J. Vapaavuori, R. Silvennoinen, H. Kosonen, M. Ankerfors, T. Lindstrom, L. A. Berglund, O. Ikkala. Long and entangled native cellulose I nanofibers allow flexible aerogels and hierarchically porous templates for functionalities. Soft Matter, 2008 (4): 2492–2499.

[65] K. Z. Gao, Z. Q. Shao, X. Wang, Y. H. Zhang, W. J. Wang, F. J. Wang. Cellulose nanofibers/multi-walled carbon nanotube nanohybrid aerogel for all-solid-state flexible supercapacitors. RSC Advances, 2013 (3): 15058–15064.

[66] N. D. Luong, Y. Lee, J. D. Nam. Highly-loaded silver nanoparticles in ultrafine cellulose acetate nanofibrillar aerogel. European Polymer Journal, 2008 (44): 3116–3121.

[67] E. Haimer, M. Wendland, K. Schlufter, K. Frankenfeld, P. Miethe, A. Potthast, T. Rosenau, F. Liebner. Loading of Bacterial Cellulose Aerogels with Bioactive Compounds by Antisolvent Precipitation with Supercritical Carbon Dioxide. Macromolecular Symposia, 2010 (2): 64–74.

[68] H. Bai, C. Li, X. L. Wang, G. Q. Shi. A pH-sensitive graphene oxide composite hydrogel. Chemical Communications, 2010 (46): 2376–2378.

[69] Snurr R Q, Frost H, Duren T. Effects of surface area, free volume, and heat of adsorption on hydrogen uptake in metal-organic frameworks. Journal of Physical Chemistry B, 2006, 110 (19): 9565–9570.

[70] Li H, Eddaoudi M, O'Keeffe M, Yaghi, O. M. Nature, 1999, 402(6759): 276.

[71] Jared B. DeCoste, * Gregory W. Peterson, Bryan J. Schindler, Kato L. Killops. The effect of water adsorption on the structure of the carboxylate containing metal–organic frameworks Cu–BTC, Mg–MOF–74, and UiO–66. Journal of Materials A, 2013 (1): 11922–11932.

[72] Ma S Q, Sun D F, Simmons J M, Collier C D, Yuan D Q, Zhou H C. Metal-organic framework from an anthracene derivative containing

nanoscopic cages exhibiting high methane uptake. Journal of the American Chemical Society，2008，130（3）：1012−1016.

[73] Weigang Lu，Zhangwen Wei，Zhi Yuan Gu，Tian Fu Liu，Jinhee Park. Tuning the structure and function of metal–organic frameworks via linker design. Chemical Society Reviews，2014（43）：5561–5593.

[74] Yang Q，Jobic H，Salles F，Kolokolov D，Guillerm V，Serre C，Maurin G. Probing the dynamics of CO_2 and CH_4 within the porous zirconium terephthalate UiO−66(Zr)：a synergic combination of neutron scattering measurements and molecular simulations. Chemistry-A European Journal，2011，17(32)：8882−8889.

[75] Yaghi O M, Park K S, Ni Z, Cote A P, Choi J Y, Huang R D, Uribe-Romo F J, Chae H K, O'keeffe M. Exceptional chemical and thermal stability of zeoliticimidazolate frameworks. Proceedings of the National Academy of Sciences of the United States of America, 2006, 103（27）: 10186−10191.

[76] Thompson J A，Blad C R，Brunelli N A，Lydon M E，Lively R P，Jones C W，Nair S. Hybrid Zeolitic Imidazolate Frameworks：Controlling Framework Porosity and Functionality by Mixed −Linker Synthesis. Chemistry of Materials，2012，24(10)：1930−1936.

[77] Dennis Sheberla，John C. Bachman，Joseph S. Elias，Cheng−Jun Sun，Yang Shao−Horn，Mircea Dincă. Conductive MOF electrodes for stable supercapacitors with high areal capacitance. Nature Materials，2016，10.1038/nmat4766.

[78] Férey G, Millange F, Morcrette M, Christian Serre, Marie-LiesseDoublet, Jean-Marc Grenche, Jean−Marie Tarascon. Mixed-Valence Li/Fe-Based Metal–Organic Frameworks with Both Reversible Redox and Sorption Properties. AngewandteChemie International Edition, 2007, 46（18）: 3259−3263.

[79] Etaiw S E-D H, Fouda A E-a S, Abdou S N,Etaiw, E. D. H., Fouda, E. A. S., Abdou, S. N., & El-Bendary, M. M. Structure. characterization and inhibition activity of new metal–organic framework. Corrosion Science, 2011, 53（11）: 3657−3665.

[80] Rosi N L，Eckert J，Eddaoudi M，Vodak D T，Kim J，O'Keeffe M，Yaghi O M. Hydrogen Storage in Microporous Metal—Organic Frameworks. Science，2003（300）：1127−1130.

［81］ Walton K S, Millward A R, Dubbeldam D, Frost H, Low J J, Yaghi O M., Sunrr R Q. Understanding Inflections and Steps in Carbon Dioxide Adsorption Isotherms in Metal-Organic Frameworks. Journal of the American Chemical Society, Soc., 2008（130）: 406.

［82］ Li J, Yang J, Li L, Jinping Li. Separation of CO_2/CH_4 and CH_4/N_2 mixtures using MOF-5 and $Cu_3(BTC)_2$. Journal of Energy Chemistry, 2014, 23(4): 453-460.

［83］ Alvaro M, Hwang Y K. Intracrystalline diffusion in Metal Organic Framework during heterogeneous catalysis: Influicle size on the activity of MIL-100(Fe) for oxidation reactions. Dalton Transactions, 2011 （40）: 107.

［84］ Z. M. Wang, B. Zhang, H. Fujiwara, H. Kobayashi, M. Kurmoo. Mn-3(HCOO)(6): a 3D porous magnet of diamond framework with nodes of Mn-centered MnMn4 tetrahedron and guest-modulated ordering temperature. Chemical Communications, 2004(4): 416-417.

［85］ Horcajada P, Serre C, Vallet-Regi M, Taulelle F., Férey G. AngewandteChemie International Edition, 2006, 118（36）: 6120.

［86］ Horcajada P, Serre C, Maurin G, Ramsahye NA, Balas F, Vallet-Regí M, Sebban M, Taulelle F, Férey G. Journal of the American Chemical Society, 2008, 130（21）: 6774.

［87］ Rieter W J, Pott K M, Taylor K M, Lin, W. Journal of the American Chemical Society, 2008, 130（35）: 11584.

［88］ Imaz I, Rubio-Martinez M, Garcia-Fernandez L,García F , Ruiz-Molina D, Hernando J, Puntes V , Maspoch D. Chemical Communications, 2010, 46（26）: 4737.

［89］ V. A. Davankov, Y. A. Zolotarev. Ligand-exchange chromatography of racemates: VI. Separation of optical isomers of amino acids on polystyrene resins containing L -proline or L -azetidine carboxylic acid. Journal of Chromatography A, 1978, 155(2): 295-302.

［90］ N. B. Mckeown, P. M. Budd. Polymers of intrinsic microporosity (PIMs): organic materials for membrane separations, heterogeneous catalysis and hydrogen storage. Chemical Society Reviews, 2006, 35（8）: 675-683.

［91］ A. P. Côté, A. I. Benin, N. W. Ockwig, M. O'Keeffe, A. J. Matzger, O. M. Yaghi. Porous, crystalline, covalent organic frameworks. Science, 2005,

310（5751）: 1166－1170.

［92］ B. J. Smith，W. R. Dichtel. Mechanistic studies of two-dimensional covalent organic frameworks rapidly polymerized from initially homogenous conditions. Journal of the American Chemical Society，2014，136（24）: 8783－8789.

［93］ B. J. Smith，A. C. Overholts，N. Hwang，W. R. Dichtel. Insight into the crystallization of amorphous imine-linked polymer networks to 2D covalent organic frameworks. Chemical Communications，2016，52(18): 3690－3693.

［94］ S. Dalapati，S. Jin，J. Gao，Y. Xu，A. Nagai，D. Jiang. An Azine-linked Covalent Organic framework. Journal of the American Chemical Society，2013，135（46）: 17310－17313.

［95］ N. L. Campbell，R. Clowes，L. K. Ritchie, A. I Cooper. Rapid microwave synthesis and purification of porous covalent organic frameworks. Chemistry of Materials, 2009, 21（2）: 204－206.

［96］ S. Ren, M. J. Bojdys, R. Dawson, A. Laybourn, Y. Z. Khimyak, D. J. Adams, A. I. Cooper. Porous, fluorescent, covalent triazine-based frameworks via room temperature and microwave-assisted synthesis. Advanced Materials, 2012, 24（17）: 2357－2361.

［97］ P. Kuhn, M. Antonietti, A. Thomas. Porous, covalent triazine-based frameworks prepared by ionothermal synthesis. AngewandteChemie International Edition, 2008, 47（18）: 3450－3453.

［98］ M. J. Bojdys, J. Jeromenok, A. Thomas, M. Antonietti. Rational extension of the family of layered, covalent, triazine-based frameworks with regular porosity. Advanced Materials, 2010, 22（19）: 2202－2205.

［99］ B. P. Biswal, S. Chandra, S. Kandambeth, B. Lukose, T. Heine, R. Banerjee. Mechanochemical synthesis of chemically stable isoreticular covalent organic frameworks. Journal of the American Chemical Society, 2013, 135（14）: 5328－5331.

［100］ J. W. Colson, A. R. Woll, A. Mukherjee, M. P. Levendorf, E. L. Spitler, V. B. Shields, M. G. Spencer, J. Park, W. R. Dichtel. Oriented 2D covalent organic framework thin films on single-layer graphene. Science, 2011, 332（6026）: 228－231.

［101］ H. Furukawa，O. M. Yaghi. Storage of hydrogen，methane，and

carbon dioxide in highly porous covalent organic frameworks for clean energy applications. Journal of the American Chemical Society, 2009, 131 (25): 8875-8883.

[102] Z. Ke, Y. Cheng, S. Yang, F. Li, L. Ding. Modification of COF-108 via impregnation/functionalization and Li-doping for hydrogen storage at ambient temperature. International Journal of Hydrogen Energy, 2017, 42 (16): 11461-11468.

[103] Y. Zeng, R. Zou, Y. Zhao. Covalent organic frameworks for CO_2 capture. Advanced Materials, 2016, 28 (15): 2855-2873.

[104] S. Cavenati, C. A. Grande, A. E. Rodrigues. Adsorption equilibrium of methane, carbon dioxide, and nitrogen on zeolite 13X at high pressures. Journal of Chemical & Engineering Data, 2004, 49 (4): 1095-1101.

[105] J. Fu, S. Das, G. Xing, T. Ben, V. Valtchev, S. Qiu. Fabrication of COF-MOF composite membranes and their highly selective separation of H_2/CO_2. Journal of the American Chemical Society, 2016, 138 (24): 7673-7680.

[106] C. J. Doonan, D. J. Tranchemontagne, T. G. Glover, J. R. Hunt, O. M. Yaghi. Exceptional ammonia uptake by a covalent organic framework. Nature Chemistry, 2010, 2 (3): 235-238.

[107] J. L. Mendoza-Cortés, S. S. Han, H. Furukawa, O. M. Yaghi, W. A. Goddard. Adsorption mechanism and uptake of methane in covalent organic frameworks: theory and experiment. Journal of Physical Chemistry A, 2010, 114 (40): 10824-10833.

[108] Q. Sun, B. Aguila, J. Perman, N. Nguyen, S. Ma. Flexibility matters: cooperative active sites in covalent organic framework and threaded ionic polymer. Journal of the American Chemical Society, 2016, 138 (48): 15790-15796.

[109] S. Chandra, T. Kundu, S. Kandambeth, R. BabaRao, Y. Marathe, S. M Kunjir, R. Banerjee. Phosphoric acid loaded azo (−N=N−) based covalent organic framework for proton conduction. Journal of the American Chemical Society, 2014, 136 (18): 6570-6573.

[110] H. Ma, B. Liu, B. Li, L. Zhang, Y.-G. Li, H.-Q. Tan, H.-Y. Zang, G. Zhu. Cationic covalent organic frameworks: A simple platform of anionic exchange for porosity tuning and proton conduction. Journal of the

American Chemical Society, 2016, 138（18）: 5897-5903.

[111] H. Xu, S. Tao, D. Jiang. Proton conduction in crystalline and porous covalent organic frameworks. Nature Materials, 2016, 15（7）: 722-726.

[112] C. R. DeBlase, K. E. Silberstein, T.-T. Truong, H. D. Abruña, W. R. Dichtel. β-Ketoenamine-linked covalent organic frameworks capable of pseudocapacitive energy storage. Journal of the American Chemical Society, 2013, 135（45）: 16821-16824.

[113] C. R. Mulzer, L. Shen, R. P. Bisbey, J. R. McKone, N. Zhang, H. D. Abruña, W. R. Dichtel. Superior charge storage and power density of a conducting polymer-modified covalent organic framework. ACS Central Science, 2011, 2（9）: 667-673.

[114] G. Das, B. P. Biswal, S. Kandambeth, V. Venkatesh, G. Kaur, M. Addicoat, T. Heine, S. Verma, R. Banerjee. Chemical sensing in two dimensional porous covalent organic nanosheets. Chemical Science, 2015, 6（7）: 3931-3939.

[115] S.-Y. Ding, M. Dong, Y.-W. Wang, Y.-T. Chen, H.-Z. Wang, C.-Y. Su, W. Wang. Thioether-based fluorescent covalent organic framework for selective detection and facile removal of mercury(II). Journal of the American Chemical Society, 2016, 138（9）: 3031-3037.

[116] Y. Liu, J. Deng, S. Xie, Z. Wang, H. Dai Catalytic removal of volatile organic compounds using ordered porous transition metal oxide and supported noble metal catalysts. Chinese Journal of Catalysis, 2016, 37 (8): 1193-1205.

[117] S. Zhao, T. Yan, H. Wang, J. Zhang, L. Shi, D. Zhang. Creating 3D Hierarchical Carbon Architectures with micro-, meso-, and macropores via a simple self-blowing strategy for a flow-through deionization capacitor. ACS applied materials & interfaces, 2016, 8 (28): 18027-18035.

[118] H. Wang, T. Yan, P. Liu, G. Chen, L. Shi, J. Zhang, Q. Zhong, D. Zhang. In situ creating interconnected pores across 3D graphene architectures and their application as high performance electrodes for flow-through deionization capacitors. Journal of Materials Chemistry A, 2016, 4 (13): 4908-4919.

[119] S. Zhao, T. Yan, Z.Wang, J. Zhang, L. Shi, D. Zhang. Removal of NaCl from saltwater solutions using micro/mesoporous carbon

sheets derived from watermelon peel via deionization capacitors. RSC Advances，2017，7 (8)：4297-4305.

[120] S. Dutta，A. Bhaumik，K. Wu. Hierarchically porous carbon derived from polymers and biomass：effect of interconnected pores on energy applications. Energy & Environmental Science，2014，7 (11)：3574-3592.

[121] 汪洋，马利勇，朱宁，陈丰秋，詹晓力. 分级孔沸石材料的合成、表征及其催化应用. 化学进展，2009，21(9)：1722-1733.